▶ 餐飲概論 ◀

蕭玉倩／著

張　序

　　觀光事業的發展是一個國家國際化與現代化的指標，開發中國家仰賴它賺取需要的外匯，創造就業機會，現代化的先進國家以這個服務業為主流，帶動其他產業發展，美化提昇國家的形象。

　　觀光活動自第二次世界大戰以來，由於國際政治局勢的穩定、交通運輸工具的進步、休閒時間的增長、可支配所得的提高、人類壽命的延長及觀光事業機構的大力推廣等因素，使觀光事業進入了「大眾觀光」（Mass Tourism）的時代，無論是國際間或國內的觀光客人數正不斷的成長之中，觀光事業亦成為本世紀成長最快速的世界貿易項目之一。

　　目前國內觀光事業的發展，隨著國民所得的提高、休閒時間的增長，以及商務旅遊的增加，旅遊事業亦跟著蓬勃發展，並朝向多元化的目標邁進，無論是出國觀光或吸引外籍旅客來華觀光，皆有長足的成長。惟觀光事業之永續經營，除應有完善的硬體建設外，應賴良好的人力資源之訓練與培育，方可竟其全功。

　　觀光事業從業人員是發展觀光事業的橋樑，它擔負增進國人與世界各國人民相互了解與建立友誼的任務，是國民外交的重要途徑之一，對整個國家的形象影響至鉅，是故，發展觀光事業應先培養高素質的服務人才。

揆諸國外觀光之學術研究仍方興未艾，但觀光專業書籍相當缺乏，因此出版一套高水準的觀光叢書，以供培養和造就具有國際水準的觀光事業管理人員和旅遊服務人員實刻不容緩。

　　今欣聞揚智出版公司所見相同，敦請本校觀光事業研究所李銘輝博士擔任主編，歷經兩年時間的統籌擘劃，網羅國內觀光科系知名的教授以及實際從事實務工作的學者、專家共同參與，研擬出版國內第一套完整系列的「觀光叢書」，相信此叢書之推出將對我國觀光事業管理和服務，具有莫大的提昇與貢獻。值此叢書付梓之際，特綴數言予以推薦，是以爲序。

中國文化大學董事長

張鏡湖

揚智觀光叢書序

　　觀光事業是一門新興的綜合性服務事業，隨著社會型態的改變，各國國民所得普遍提高，商務交往日益頻繁，以及交通工具快捷舒適，觀光旅行已蔚爲風氣，觀光事業遂成爲國際貿易中最大的產業之一。

　　觀光事業不僅可以增加一國的「無形輸出」，以平衡國際收支與繁榮社會經濟，更可促進國際文化交流，增進國民外交，促進國際間的了解與合作。是以觀光具有政治、經濟、文化教育與社會等各方面爲目標的功能，從政治觀點可以開展國民外交，增進國際友誼；從經濟觀點可以爭取外匯收入，加速經濟繁榮；從社會觀點可以增加就業機會，促進均衡發展；從教育觀點可以增強國民健康，充實學識知能。

　　觀光事業既是一種服務業，也是一種感官享受的事業，因此觀光設施與人員服務是否能滿足需求，乃成爲推展觀光成敗之重要關鍵。惟觀光事業既是以提供服務爲主的企業，則有賴大量服務人力之投入。但良好的服務應具備良好的人力素質，良好的人力素質則需要良好的教育與訓練。因此觀光事業對於人力的需求非常殷切，對於人才的教育與訓練，尤應予以最大的重視。

　　觀光事業是一門涉及層面甚爲寬廣的學科，在其廣泛的研究

對象中，包括人（如旅客與從業人員）在空間（如自然、人文環境與設施）從事觀光旅遊行為（如活動類型）所衍生之各種情狀（如產業、交通工具使用與法令）等，其相互為用與相輔相成之關係（包含衣、食、住、行、育、樂）皆為本學科之範疇。因此，與觀光直接有關的行業可包括旅館、餐廳、旅行社、導遊、遊覽車業、遊樂業、手工藝品以及金融等相關產業等，因此，人才的需求是多方面的，其中除一般性的管理服務人才（如會計、出納等）可由一般性的教育機構供應外，其他需要具備專門知識與技能的專才，則有賴專業的教育和訓練。

然而，人才的訓練與培育非朝夕可蹴，必須根據需要，作長期而有計畫的培養，方能適應觀光事業的發展；展望國內外觀光事業，由於交通工具的改進、運輸能量的擴大、國際交往的頻繁，無論國際觀光或國民旅遊，都必然會更迅速地成長，因此今後觀光各行業對於人才的需求自然更為殷切，觀光人才之教育與訓練當愈形重要。

近年來，觀光學中文著作雖日增，但所涉及的範圍卻仍嫌不足，實難以滿足學界、業者及讀者的需要。個人從事觀光學研究與教育者，平常與產業界言及觀光學用書時，均有難以滿足之憾。基於此一體認，遂萌生編輯一套完整觀光叢書的理念。適得揚智文化事業有此共識，積極支持推行此一計畫，最後乃決定長期編輯一系列的觀光學書籍，並定名為「揚智觀光叢書」。依照編輯構想，這套叢書的編輯方針應走在觀光事業的尖端，作為觀光界前導的指標，並應能確實反應觀光事業的真正需求，以作為國人認識觀光事業的指引，同時要能綜合學術與實際操作的功能，滿足觀光科系學生的學習需要，並可提供業界實務操作及訓練之參考。因此本叢書有以下幾項特點：

1. 叢書所涉及的內容範圍儘量廣闊，舉凡觀光行政與法規、自然和人文觀光資源的開發與保育、旅館與餐飲經營管理實務、旅行業經營，以及導遊和領隊的訓練等各種與觀光事業相關課程，都在選輯之列。

2. 各書所採取的理論觀點儘量多元化，不論其立論的學說派別，只要是屬於觀光事業學的範疇，都將兼容並蓄。

3. 各書所討論的內容，有偏重於理論者，有偏重於實用者，而以後者居多。

4. 各書之寫作性質不一，有屬於創作者，有屬於實用者，也有屬於授權翻譯者。

5. 各書之難度與深度不同，有的可用作大專院校觀光科系的教科書，有的可作爲相關專業人員的參考書，也有的可供一般社會大眾閱讀。

6. 這套叢書的編輯是長期性的，將隨社會上的實際需要，繼續加入新的書籍。

　　身爲這套叢書的編者，謹在此感謝中國文化大學董事長張鏡湖博士賜序，產、官、學界所有前輩先進長期以來的支持與愛護，同時更要感謝本叢書中各書的著者，若非各位著者的奉獻與合作，本叢書當難以順利完成，內容也必非如此充實。同時，也要感謝揚智文化事業執事諸君的支持與工作人員的辛勞，才使本叢書能順利地問世。

李銘輝　謹識

自　序

　　有句俗諺說「開門七件事，柴、米、油、鹽、醬、醋、茶」，無怪乎「食、衣、住、行、育、樂」的日常生活當中，「食」會被排在第一位，而從「民以食為天」更可以看出飲食對社會大眾的重要性。那麼，我們就不難去了解，為何餐飲業會是一個亙古至今的行業，因為不論在何時何地，只要是有人的地方，就會有飲食的需求，而餐飲業也就能繼續地生存下去。

　　由於中國人對「吃」的情有獨鍾，使得中國人對各式各樣的飲食有著極大的包容性，因此，使得現今餐飲業市場中，不論是中式餐飲或是西式餐廳，都能夠受到消費者的喜愛。而隨著時代的進步、生活水準的提升、國民所得的增加、社會分工的精細、職業婦女人口的增多以及政府實施隔週週休二日的政策等因素的影響，使得餐飲業被有興趣的投資經營者視為是一個極具發展潛力的市場。而另一面，我們卻也可以很清楚的看到，餐飲業是一個「進出」頗為頻繁的市場，今天你或許在甲地看到有人熱熱鬧鬧地開張營業，明天你卻可能在乙地看到有人鎩羽落寞地離開。但是，既然餐飲業是一個極具發展空間的市場，為什麼會有如此的現象產生呢？歸究原因，或許是投資經營者對餐飲業的認識不夠完整，只看到它好的地方，卻未曾真正地去了解它的特性。而

本書即希望能以淺顯易懂的用字及說明介紹，讓讀者對餐飲業能有正確的認識與了解。

　　本書共分爲八個章節，首先是以介紹餐廳的過去與未來作爲序幕，讓讀者先了解中、外餐廳的發展歷程。之後，則是介紹目前餐飲業市場中不同的餐廳種類以及餐飲的組織結構，幫助讀者了解餐飲業的現況與行業的特性。接著則是針對餐廳與廚房的格局設計及設備簡介等兩部分做介紹，並說明服務人員應有的工作基本觀念。最後，則是介紹餐飲服務的種類以及餐廳中各式飲料的製備。希望經過這一連串的文字說明與圖表解釋後，能建立讀者對餐飲業清晰且正確的概念。

　　本書得以完成要感謝許多人。謝謝黃孟淑學妹提供予我許多相關的參考資料；吳介仁大哥（立麥有限公司經理）提供餐飲設備之相關圖片，使得本書因有豐富的參考圖片而增色不少；高秋英老師是我餐飲知識的啓蒙老師，因爲有她活潑生動且認眞的教學方式，才使得我對餐飲產生學習的興趣；孫瑜華老師則是讓我對餐飲業的經營與管理有更進一步的認識與了解；楊海詮老師精通各式飲料製備的方法與技巧，建立我在飲料製備方面的知識與技能；王英傑老師與掌慶琳老師則是在課餘時以輕鬆閒談的方式，傳授予我他們豐富的餐飲知識與經驗。

　　此外，還要感謝奠定我獨立寫作基礎及能力的論文指導教授——曹勝雄教授（中國文化大學觀光事業研究所所長暨系主任），及本書寫作期間，以他淵博的學識及豐富的經驗提供寫作方向及內容建議的李銘輝教授。最後，我要謝謝我親愛可愛的家人，謝謝他們的鼓勵與支持。

　　「知識」是累積了先人的智慧所結晶而成，而本書只是浩翰的餐飲知識領域中的入門書籍，而筆者以餐飲界晚輩後進的身分

撰寫此書，雖以嚴謹的態度及虛心求教的方式寫作，但難免有所
謬誤，尚祈前輩先進們能不吝指正，筆者衷心感激。

蕭玉倩　謹誌

目　錄

第一章　概　論

餐廳的定義
餐廳的發展史
現代餐廳文化的特性與趨勢

「民以食為天」，從古至今飲食就是民生最基本的需求。而隨著文明的進步、社會的變遷及經濟的繁榮，飲食的目的不再僅是滿足人類基本生理需求的飽足感而已，人們開始注重食物的「色、香、味」。而所謂的「美食」，除了要能讓食用者在視覺上、嗅覺上及味覺上獲得滿足外，更要能滿足其精神上的需求。

而人類生活方式的改變，也影響了飲食的型態。從農業社會的自給自足，到工商社會的分工合作，飲食也從完全以家庭為主的型態，而逐漸出現了專門供應餐食的地方。雖然家庭中的飲食型態不至於被取代，但社會分工愈細，餐飲業勢必將日益興盛。

餐飲業是一種兼具製造業及零售業特性的行業，而在我們對餐飲業做深入介紹之前，我們必須要先對餐廳的定義、發展的歷程、特性以及它未來發展的趨勢做一個概括性的認識，以作為往後繼續學習的基礎，這也是本章節的主旨。

第一節　餐廳的定義

餐廳一詞的英文是restaurant，而這個字是由法文restaurer衍生而來的，它有恢復精神元氣的意思。但是餐廳被稱為restaurant，則是起源於一七六五年的法國巴黎。當時一位名字叫做布朗傑（Mon Boulanger）的先生，在他所經營的餐館中製作了一道叫做Le Restaurant Divin（意思是指可令人恢復精神元氣的神品）的湯供客人享用，因為這道湯吸引了許多顧客前來餐館消費，而使得餐館的聲名遠播。在這之後，布朗傑先生又增加了其他的菜餚供顧客點選食用。這種餐飲的形式在當地開始有人模仿，而且逐漸盛行起來，後來人們就將這一類型的餐飲場所稱為restaurant，並且一直沿用到今天。

　　因此，我們可以從文字的原始定義及現今引申的定義二方面來對「餐廳」加以定義。

一、文字的原始定義

　　提供可以令人恢復精神元氣餐食的場所。

二、現今引申的定義

　　在美國則是將餐廳定義爲「是一個營業場所，在這場所中爲了現場的消費而準備食物、供應食物及銷售食物。」而另一個定義，則是將餐廳定義爲「對一般大衆，隨時提供餐食。而這份餐食是依據每一位顧客的要求，以『一份』爲區別，用盤子裝盛起來供應給顧客，而且它的價格是固定的。」綜合上面的敍述，本書將餐廳定義爲「爲了滿足消費者的飲食需求，提供餐飲的場所、服務及設備，並以此賺取合理利潤的企業型態。」根據這個定義，可以進一步歸納出設立餐廳所應俱備的五項基本條件：

　　1.需要具備一個固定而且是對一般大衆公開的營業場所。

　　2.提供餐食及飲料等服務與設備。

　　3.提供的餐食及飲料可以依據顧客的需求製作。

　　4.顧客必須爲自己所要求的餐飲食物支付餐廳一定的費用。

　　5.是一個以營利爲目的的企業。

第二節 餐廳的發展史

　　不論是在中國或是歐美地區，飲食業是一種自古就存在的行業，而它之所以形成，則與人類的遷徙活動有著密不可分的關係。不論是因為宗教活動、經濟活動甚至是旅行，餐飲對旅行者而言，是在活動過程中最基本的需求，因此，飲食業便在這樣的需求下產生。而本節將針對歐美及中國餐廳的發展史分別加以敘述。

一、歐美餐廳的發展史

　　歐洲餐廳的起源可以追溯到古羅馬帝國時代，由於當時宗教活動與經濟活動的頻繁，使得旅途中的人們對外食產生需求，為了滿足這項需求，一種以提供旅行者基本餐食的小客棧便因此出現，但是真正較具有餐廳規模及形式的餐廳，則是以十七世紀在英國出現的「咖啡屋」為代表。從此之後，這類型的咖啡屋便紛紛成立。至於所使用的「餐廳」一詞，則是起源於西元一七六五年的法國巴黎。

　　美國則是在西元一六三四年，由山米爾寇斯(Samuel Coles)在波士頓設立了第一家「酒館」，這也是美國的第一家餐廳。而一直到西元一六七○年美國才出現了第一家咖啡屋，同時美國人也開始學習法國菜的烹調。戴蒙尼克(Delmonico)則是美國第一家專業的法式美國餐廳，從西元一八二七年開始正式營業，一直到西元一九二三年才歇業。而隨著工商業的發達，西元一九六○年代美國的連鎖速食餐廳開始發展，並且以提供標準的食物品質及

快速的服務爲特色持續的成長。一直到今天，美國的速食業不但遍布全球，更成爲國際性的餐飲企業。

二、中國餐廳的發展史

我國最早專門提供餐飲的地方，主要是爲了滿足王室或諸侯的需求而設置。在「愈絕外傳」中曾提及「休謀石室，食於冰廚……，冰室者，所以備膳羞也。」由此可知，在夏、商、周時代除了已經知道要利用低溫來保存食物外，更設置了稱之爲「冰室」的蔭涼餐廳供應餐食。

秦漢時期，商業興起，爲了滿足往來貿易商人的飲食需求，而出現了提供餐飲的謁舍（客棧）。唐、宋、明、清時期，則是由於經濟繁榮，水陸交通運輸發達，使得往來貿易頻繁，唐代除了設置貨棧及邸店供存貨與住宿外，也有店肆可以滿足商人們餐飲的需求。而隨著交易市場的興盛及驛道的發展，中國的餐飲業也日益繁榮起來。

到了宋代，街巷中開始出現小食擔，同時爲了因應各類型旅客的需求，還出現了南食店、北食店、川食店、羊食店及素食店等不同的菜肆和小食攤。隨著時代的演進及清朝末年中西文化衝擊交流的影響，在北平出現了現代化的西餐廳。時至今日，由於教育普及、經濟快速成長及女性就業機率增高，使得國人外食次數增多，餐飲業也出現了一片欣欣向榮的景象。

第三節　現代餐廳文化的特性與趨勢

一、現代餐廳文化的特性

　　從餐廳的發展史我們可以了解，過去的餐廳主要是以滿足人們生理的基本需求為主，但是隨著時代腳步的演進，現代的餐廳除了依據消費者的需求提供精緻或快速的餐飲外，它也開始兼具聚會、洽談、休息及娛樂等功能。而經營者則是為了滿足消費大眾的需求，不但力求菜單設計的新穎，對餐廳的諸項硬體設施，例如餐廳的外觀、內部的裝潢、燈光、音響及員工的制服等，也都力求設計的完善及風格的統一。同時也開始注重軟體的服務品質，並且對服務人員的服務態度也都加以嚴格的要求。這一切的努力都是為了營造及凸顯出餐廳特有的風格，並希望能藉此吸引消費大眾前往餐廳消費，也因此形成了現今餐廳經營的特有文化。

二、餐飲業未來的發展趨勢

　　近年來由於經濟繁榮、國民所得提高、人們生活型態改變及職業婦女與單身人口的增加，使得外食人口增多，而餐飲業在台灣的發展空間也因此大增，再加上政府實施隔週週休二日的政策，使得業者們對市場前景看好，紛紛投入，想要分食這塊市場的大餅。然而在這競爭日趨激烈的市場中，業者除了應該隨時注

意消費者的需求變化外，更應該對未來潮流的發展趨勢有所了解。而餐飲業未來大致將朝精緻與速便兩極化、主題專門化、複合式經營三個方向發展。

㈠精緻與速便兩極化

國內目前餐飲經營的型態，已逐漸趨向精緻與速便兩極化發展。也就是說，其中一種的發展趨勢是走精緻餐飲、高價位及高品質服務的餐廳，而且在餐廳的硬體設備，例如外觀設計、內部裝潢、餐具器皿及桌椅等，也都極為講究，希望顧客能有被視為上賓及「賓至如歸」的感覺。另外一種則是提供快速、方便、衛生而且餐飲價格較低廉的連鎖速食餐廳，它除了提供標準化的制式餐飲外，也根據它營業的特色，提供外賣或外送等服務，由於這種餐廳具有快速方便而且經濟實惠的特性，在現今的消費市場中頗受消費者的喜愛。

㈡主題專門化

以往餐廳經營的形式多半是以「大小通吃」為目標，只要是顧客喜歡的餐飲種類，餐廳都盡其所能地網羅在菜單中，但是這樣的經營方式不但造成原料採購及儲存上的麻煩，也加重了廚房人力的負擔，同時也使得餐廳缺乏個別的特色，在現今的餐飲業市場中，這類型的餐廳正被快速的淘汰，繼之而起的，則是能善加運用既有的菜色加以組合變化，推出套餐、特餐或商業午餐的餐廳。這類型的餐廳不但讓原料的採購及儲存單純化，同時也能精簡廚房的人力。除此之外，未來餐廳所販賣的餐飲種類勢必將日趨簡單化，並以專門化經營為經營理念，例如目前在餐飲市場中出現的墨西哥餐廳、清粥小菜、澳洲岩燒牛排等，不但產品主

題明確，同時還可以成為消費者在選擇餐飲時的依據。

㈢複合式經營

這種經營模式主要是指餐廳與其他異業的結合。例如健身房或俱樂部附設的餐廳；或是由於電腦網路的興起而產生的網路餐廳；也可以利用餐廳現有的設備開設烹飪教室課程等。這種結合主要是以方便顧客的需求、開拓客源及充分利用現有設備為前提，而以增加營業收入為最終目的。

由上述三點可知，未來餐廳的經營者，除了要能掌握最新的消費趨勢外，更應該時時吸收經營管理新知，結合並利用最新資訊，以適時調整餐廳的經營方向，才能在這競爭激烈的餐飲市場中，擊敗競爭對手，脫穎而出。

第二章　餐廳的種類

餐廳的類別

中餐廳與日本料理餐廳

西餐廳與咖啡廳

酒吧與特種餐廳

自助餐廳與宴會廳

速簡餐廳

公路餐廳與娛樂場所餐廳

鐵板燒與蒙古烤肉

會員餐廳

近年來，由於中西文化的快速交流，再加上中國人對「吃」的特別偏好，使得目前國內的餐飲業市場可以用「百家爭鳴」來形容，各式各樣的餐廳紛紛出現，都會區有各式流行新穎的餐廳；郊區山中有所謂的「土雞城」、「野菜品嚐」等山產餐食店；港口則有現撈現煮的美味海鮮海產餐廳；湖濱河畔則是有「活魚三吃」。不但展現出中國人對各式餐飲的包容性，更可以看出中國人「靠山吃山，靠水吃水」的民族性。而現代人對餐飲的需求及講究也可以從這些地方看出端倪。

第一節　餐廳的類別

餐廳的種類繁多，而它的分類方法也因為對象的不同而有所區別。在國際間，聯合國世界觀光組織（WTO）對餐飲業有一套全球統一性的分類。在我國政府機關方面，基於管理及監督上的考量，也對餐飲業的種類制定了一套符合國情的分類方法。而我們也可以再從餐廳所提供的餐食內容、經營方式及服務方式等來對餐廳加以分門別類。各種分類法將分別說明於後。

一、聯合國世界觀光組織的分類

WTO將旅館、餐廳等列在H大分類55中分類下，其中的5520是餐廳的小分類，在這分類中則將餐廳細分為六類。

㈠酒吧和其他飲酒場所

主要是指無論是否提供娛樂節目，專門以賣酒或兼賣餐飲而

對大眾開放的酒吧或其他飲酒的場所。

㈡提供各項服務的餐廳

　　主要是指無論是否賣酒或是否提供娛樂性節目，專門為大眾開放且附有席位的餐廳。

㈢速食與自助餐廳

　　主要是指專門為大眾提供食物服務，但僅有櫃檯卻沒有附席位的速食、自助餐廳。

㈣各機關內的福利社

　　主要是指各機關內附設的福利社，它大多數都會兼賣酒類，如大學、軍事基地及商用機場等地的福利社。

㈤小吃亭、自動販賣機、點心站

　　主要是指為大眾開放的露天固定或可移動的飲食攤販。

㈥夜間俱樂部、劇院

　　主要是指提供膳食或酒類並有娛樂節目的場所，如夜總會、劇院（不論餐飲收入是否為其主要收入來源）。

二、我國交通部觀光局的分類

　　我國交通部觀光局則是依據WTO的分類方式，配合我國目前餐飲市場的現況進行「觀光統計定義及觀光產業分類標準研究」，根據研究報告的結果，將旅館業及餐飲業分別列於J大類下

的59及58中分類中，而餐飲業的詳細分類如下：

㈠餐飲業

專門經營中西各式餐食且領有執照的餐廳、飯館、食堂等行業。例如中式餐館業、西式餐館業、日式餐館業、素餐餐館業、牛排館、烤肉店、海鮮餐廳及自助火鍋餐廳等。

㈡速食餐飲業

包括了漢堡店、炸雞店、披薩店、歐式自助餐店、中式自助餐店、日式自助餐店、中式速食店及西式速食店。

㈢小吃店業

凡從事便餐、麵食、點心等供應的行業都是屬於小吃店業。其中包括了燒臘店、點心店、豆漿店、餃子店、包子店、飯包店、山味餐店、野味飲食店、土雞城等。

㈣飲料店業

專門經營以茶、咖啡、冷飲、水果供應遊客的行業都屬於飲料店業。其中包括了茶藝館、冰果店、泡沫紅茶店、冷飲店等。

㈤餐盒業

㈥其他飲食業

包括娛樂節目餐飲業、酒吧、啤酒屋、特殊風味餐飲業及其他未分類的飲食業。

三、歐美的分類

SIC（Standard Industrial Classification for United Kingdom）是歐美最常採用的餐飲業分類法，它主要是根據英國在一九八〇年SIC的修正方法而來。SIC將餐飲業分為商業型及非商業型兩大類，如**圖2-1**所示。

四、經營方式的分類

目前餐飲業市場中以獨立經營及連鎖經營為二種最基本的經營方式，茲將這二種經營方式分述於下：

㈠獨立經營

就是指一般私人經營的餐廳，它主要是由一人獨資或二人以合資而成。由於這類型的餐廳不是連鎖性餐廳，所以從餐廳的外觀設計、內部裝潢到菜單的研擬、材料採購等，都必須由經營者統籌規劃辦理。如果經營者對餐廳的經營只是憑藉著一股熱忱及盲目的希望，而缺乏應有的專業經營管理知識及對市場的觀察力，往往很容易造成往後的失敗。

㈡連鎖餐廳

它主要是由一個資金雄厚的餐飲企業開始發展，這個企業不但將餐飲的生產製備加以系統化，同時對餐廳的外觀、內部裝潢、菜單及管理制度等也都予以規格化及統一化。讓加盟者可以免去創業期的摸索及經營的風險。目前的加盟方式可以分為三類：

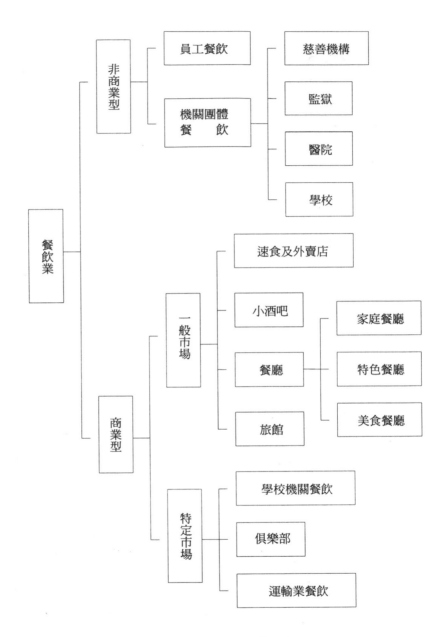

圖 2-1　SIC 餐飲業分類圖

■ 自願加盟

　　餐廳為個人所有，加盟時不需要支付任何的加盟金及權利金，總公司也不提供任何的專業訓練及技術輔導，加盟者與總公司之間只有貨品供應上的關係，所以加盟後加盟者仍享有獨立的決策管理權。但是由於與總公司間的關係薄弱，因此經營風險是三種加盟方式中最高的。

■ 特許加盟

　　餐廳為個人所有，但是加盟時需要支付加盟金及權利金，總公司會提供相關的專業訓練及技術輔導，同時，加盟者還必須接受總公司的決策與管理。這類型的加盟方式，加盟者還需要將一定比例的盈餘（加盟者所得的比例較高）分配給總公司，但是相對地，總公司也會提供加盟者一定的營業保證額，因此營運風險較低。

■ 委託加盟

　　餐廳為總公司所有，而且加盟時需要支付加盟金及權利金，總公司除了提供專業訓練及技術輔導外，還負責店面的規劃。加盟者必須接受總公司的決策與管理，同時也要將一定比例的盈餘（總公司所得的比例較高）分配給總公司，而總公司則對加盟者提供一定的營業保證額。這類型的加盟方式經營風險最低。

五、服務方式的分類

　　這種分類方式是依顧客進入餐廳開始、然後點餐及最後由餐廳供餐這一連串過程中，餐廳對顧客所提供的服務方式來加以分類。而依據這種分類方式，我們可以將餐廳大致分為五類。

㈠餐桌服務

顧客進入餐廳後由服務人員帶領入座，顧客經由菜單點選所需要的餐飲後，再由服務人員將餐飲一一送到顧客的桌上，讓顧客享用。這種服務方式為多數餐廳所採用，而且餐廳不論是在裝潢、設備或是服務的品質及技巧上都極為注重。它又可以細分為二：

1. 桌邊服務：顧客在餐廳擺設固定桌椅的用餐區就座後，由服務人員將餐飲送至桌上，例如法式服務、美式服務及英式服務等都屬於桌邊服務的一種。
2. 櫃檯服務：顧客通常是坐在U型櫃檯四周的凳子上接受服務，例如鐵板燒餐廳、日式涮涮鍋等。

㈡自助服務

顧客進入餐廳後必須在櫃檯前排隊點選自己所需要的餐食，並且在付款後自行將餐食端離櫃檯。由於提供這種服務的餐廳，餐食價格通常較為低廉，而且不額外加收服務費，再加上餐食的供應迅速，頗受一般大眾的喜愛。各式的速食店、壽司吧等都是屬於這種服務的餐廳。

㈢半自助服務

這類服務則是介於餐桌服務與自助服務之間。通常湯或顧客所點用的主餐食或熱食是由服務人員親自端送給顧客，其餘的則由顧客自行前往餐食陳列區取用。由於顧客可自由取用餐食陳列區中所準備的各式豐富精緻的冷熱菜餚及甜點飲料，因此甚受社

會大眾的青睞。歐式自助餐廳是這類型服務中最具代表性的餐廳。

㈣特殊地點服務

主要是指顧客在他自己所在的地點接受餐飲的服務，而不是到餐廳的所在地用餐。較常見的服務有：

1. 托盤服務：例如在醫院或飛機上，由服務人員將全部的食物放置在托盤中，再端送給用餐者。
2. 餐車服務：例如在火車或飛機上，由服務人員推著餐車向顧客販售或供應餐食。
3. 外送服務：例如外送披薩至顧客家中或工作場所。
4. 客房服務：例如飯店中依顧客需求備製餐食，再由服務人員送到顧客房中。
5. 汽車餐廳：指顧客在車中點餐並在車中接受餐飲的服務。

㈤機關團體餐廳

這類餐廳主要是爲了提供員工餐飲而設置，例如公司、工廠、醫院及學校的員工餐廳等。

在了解餐廳各種不同分類法之後，本書將以不同的節次進一步地介紹目前國內餐飲市場中各種不同類型的餐廳，讓讀者能對國內餐飲市場的現況有所認識。

第二節　中餐廳與日本料理餐廳

一、中餐廳

㈠餐食特色

聞名於世界的中華美食，常久以來一直是國外人士所嚮往品嚐的世界四大美食之一，而它種類的繁多與口味的多變更是其他國家飲食所望塵莫及的。

在中國五千年的歷史演進過程中，經過了民族的融合、地方文化的交流及各地氣候與物產的差異，餐食逐漸發展出「南甜、北鹹、東辣、西酸」的地域性特色，並根據這種地域性的特色，發展出各地方特有的菜餚。民國三十八年政府播遷來台後，台灣就集合了各類菜系於一身，再加上具有台灣本土特色的台菜，使得福爾摩沙台灣儼然成為中華美食的天堂，可以說是麻雀雖小五臟俱全。目前在台灣較為一般人所熟知的菜色有川菜、北平菜、江浙菜、湘菜、粵菜、廣式飲茶及台菜等。

㈡經營特色

中餐廳的外觀及內部裝潢通常以傳統中國風味為設計時之優先考量，不但能凸顯餐廳特色，更能與菜餚相互輝映（**圖2-2**）。而目前中餐廳可分為獨立經營及附屬於飯店二種，但不論是何種餐廳，只要其口味獨特出眾且享有良好的口碑，便可經常見到餐

圖 2-2　中餐廳

來來喜來登大飯店提供

廳中顧客川流不息、生意興隆的景象。而除了一日三餐的營業外，受到中國婚喪喜慶宴客習俗的影響，以及公司或個人聚會的需求，使得擁有較大場地的中餐廳也接受顧客的訂席，供應宴會餐食。

二、日本料理餐廳

㈠餐食特色

日本料理餐廳的設立，最初是為了滿足來華觀光日本旅客的需求，但是由於日本餐食極為強調品質的新鮮且口味較為清淡，並注重餐食本身及器皿的精緻美觀，同時對處理食物時的刀工及烹調技術亦非常講究，因此逐漸受到國人的喜愛。

(二)經營特色

近年來不論是簡易的壽司吧、連鎖的日式餐廳，或是高級的懷石料理，均爲了因應不同階層顧客的需求而紛紛設立。然而，不論是何種日式餐廳，餐廳都以具有濃厚的日本色彩爲特色，從外觀設計到內部的和室裝潢，從服務人員的服裝、歡迎用語到謙卑多禮的服務態度，顧客都能夠強烈地感受到日式和風的吹拂（圖2-3）。

圖2-3　日本料理餐廳
來來喜來登大飯店提供

第三節　西餐廳與咖啡廳

一、西餐廳

㈠餐食特色

　　清末民初西方文化大舉入侵，伴隨而至的西式餐飲不但影響了國人固有的飲食習慣，也使得西式餐廳因此而崛起。然而在引進之初，由於西餐廳的消費較一般餐飲昂貴，所以無法普及到一般消費大眾。而隨著經濟的起飛，國人消費能力提高，才使得西餐廳能快速成長。

　　目前西餐廳所供應的餐食多以套餐為主，除了方便顧客點選外，更能以較低廉且多樣化的組合餐食來吸引顧客前往消費。一般西餐廳套餐所供應的餐點內容包括湯、沙拉、主菜、甜點及飯後飲料等，其中最富變化的則是主菜的搭配。在以往，主菜多是以傳統式的牛排或海鮮類為主，然而隨著國際化的腳步邁進，具西方各國特色的餐飲紛紛出籠，例如澳洲的岩燒牛排、墨西哥菜，甚至是印度菜，可說是應有盡有。

㈡經營特色

　　一般而言，西餐廳的裝潢佈置以高雅的氣氛及寧靜的用餐環境見長，因此它對所使用的餐具、桌椅傢具、燈光、音響等都極為重視，以期能營造出舒適且賓至如歸的感受（圖2-4）。

圖 2-4　西餐廳
力霸皇冠大飯店提供

二、咖啡廳

㈠餐食特色

　　咖啡廳是以飲料為主要的營業項目，而供應的飲料則依咖啡廳的經營型態有所不同。一般是以咖啡為主角，而搭配咖啡的點心則是不可或缺的配角，其他如果汁、花果茶及雞尾酒等則是可以任意搭配的飲料項目。為方便顧客及迎合國人的用餐習慣，大多數的咖啡廳也提供簡便的中西式餐食。

㈡經營特色

　　以往的咖啡廳大多附屬在西餐廳中，或是較小型的獨立經營型態。但是由於國人對咖啡的喜愛與日俱增，而且業者也看好市

場往後的發展性，因此，不但吸引了大型企業投入這個市場，並且開始出現連鎖性的咖啡廳，例如眞鍋咖啡、丹堤咖啡、賴著不走等。

　　到咖啡廳消費的顧客大多是以好友小聚、休憩或洽商等類型為主，為了迎合這些顧客的需求，咖啡廳在裝潢設計時多是以能營造出休閒幽雅的消費環境為目標（圖2-5）。除此之外，由於顧客消費的主要產品是飲料，因此咖啡廳的另一個經營特色是比較不受離峰時段的影響，也因此咖啡廳的營業時間通常比一般餐廳長。

圖 2-5　咖啡廳
力霸皇冠大飯店提供

第四節　酒吧與特種餐廳

一、酒吧

㈠餐食特色

　　酒吧（bar）是以銷售含有酒精成分飲料爲主的一種餐廳，而含有酒精成分的飲料則包括了各種類的純酒及經過調製而成的雞尾酒。目前餐飲業中甚爲流行的pub就是酒吧的簡稱。由於酒吧提供了現代人一個可以消磨時間、放鬆自我的空間，因此很受忙碌上班族的喜愛。而爲了滿足不同顧客的需求，現今的酒吧也提供一些不含酒精成分的飲料及點心。

㈡經營特色

　　酒吧通常是以吧檯爲主要營業區，而直線型及U型則是最常見的吧檯設計（圖2-6）。除此之外，酒吧通常是以營造輕鬆歡愉的氣氛爲訴求，因此對裝潢佈置、燈光效果及音響設備等都比一般餐廳更爲講究。而除了單純提供飲酒聊天的pub外，亦有附設舞池可讓顧客盡情活動舒展四肢的disco pub。

　　此外，由於酒吧的消費群是以上班族爲主要對象，爲了配合他們的下班時間，所以營業時段與一般餐廳有很大的不同。酒吧的營業時間通常是從下午五點或六點開始，一直到凌晨的二點或三點。這也成爲酒吧經營的另一個特色。

圖 2-6　酒吧

來來喜來登大飯店提供

　　酒吧的銷售單位小，服務顧客的頻率高，因此對服務人員的素質及服務技巧要求也比一般餐廳來得嚴格。尤其是在挑選服務人員的時候，對服務人員的親和力及表達溝通能力特別重視。而在櫃檯的工作人員，除了必須要能符合上述所要求的特質外，更必須具備基本的飲酒知識及調酒技能，才能提供顧客最滿意的服務。

二、特種餐廳

㈠餐食特色

　　主要是以供應具有特殊風味或地方色彩濃厚的餐飲為主。例如山東酸白菜火鍋、京兆尹等。

㈡經營特色

這類型餐廳特別重視獨特風格的整體設計，從餐廳的外觀設計、內部空間的規劃裝潢、佈置到工作人員的制服等，都各具特色，但是最終的目的，則是希望能與餐廳所供應的特殊餐食相互輝映，凸顯出餐食的特殊性，並以此來吸引顧客前往光臨消費。

第五節　自助餐廳與宴會廳

一、自助餐廳

㈠餐食特色

在忙碌的現代社會中，一切事物都講求快又有效率，而自助餐廳正是為了因應這種需求而誕生的產物之一。一般自助餐廳所提供的餐食，最大的特色是餐食在廚房內備製完成後，先裝盛在大盤中，再由服務人員端出，放置在餐食陳列區的餐檯上。而顧客則是在餐食陳列區內自由挑選自己喜愛的食物。而一般自助餐廳所提供的餐食通常包括了魚肉類主菜、各式湯品、沙拉及水果、冷熱飲料、點心及甜點等五大類。其中，除烤肉類的主菜需要由廚師從旁協助切割外，其他的都是自助式服務。而由於受到中國人飲食習慣的影響，國內大部分的自助餐廳業者都會在供應的餐食中加入中國式的食物，例如炒飯、炒麵、蘿蔔糕、燒賣、珍珠丸子等，除了希望餐食內容能符合消費者的需求外，更希望能擴

大消費的階層，吸引更多的消費者前來消費。

㈡經營特色

　　自助餐廳主要是以經濟實惠及多樣化自由選擇的餐食來吸引消費者的光臨。而顧客自助式的服務，不但使得供餐快速又有效率，更精簡了餐廳的人力，降低了人事薪資的支出，這些都是自助餐廳的經營特色。除此之外，我們還可以依據自助餐廳的服務經營方式，將自助餐廳分為二類：

■ 自助餐（cafeteria）

　　顧客先在餐食陳列區選取自己喜愛的食物後，到櫃檯結帳，付清餐食的費用後再自行把餐食端到用餐區內用餐。這種自助餐廳所需要的人力最為精簡。

■ 歐式自助餐（buffet）

　　歐式自助餐則是顧客在先支付了一定的消費金額後，就可以無限量地自由取用餐食陳列區內的各類食物，而這種一價吃到飽的自助餐，極受一般消費大眾的歡迎（**圖2-7**）。歐式自助餐所需

圖2-7　歐式自助餐廳
來來喜來登大飯店提供

要的服務人員比自助餐廳多，因為服務人員除了要不斷地將食物從廚房端送到餐食陳列區外，還需要隨時注意並收拾顧客桌上使用過的餐盤杯子，以維持桌面的整潔。

二、宴會廳

㈠餐食特色

　　一般宴會廳大多附屬在飯店或旅館內（圖2-8），而且在飯店或旅館也是一個獨立營業的部門，它與餐飲部門的地位相等，同時也是飯店或旅館的主要收入來源之一。宴會廳所提供的餐飲內容，不論是中式、西式或其他特殊的餐飲，都可以完全依據顧客的要求而量身製作，是一個完全以滿足顧客需求為導向的餐飲營業場所。

圖 2-8　宴會廳

來來喜來登大飯店提供

㈡經營特色

宴會廳除了提供餐飲服務外,也對外出租場地,同時為了方便顧客,還提供場地規劃佈置等服務。而它的營業的對象包括了:

1. 公司機關團體:以各類會議、展覽、產品說明會、研討會、年終尾牙及社會團體之聚會為主要的營業範圍。
2. 一般私人聚會:在台灣以婚喪喜慶、畢業聚餐、謝師宴、生日壽宴等為其主要的營業範圍。

第六節　速簡餐廳

速簡餐廳就是現今深受大眾喜愛的速食餐廳。在二十世紀的餐飲市場中,它不但深深地影響了消費者的飲食習慣,更在全球的餐飲市場中掀起了一陣速食旋風。金色拱門的麥當勞、小騎士德州炸雞、披薩外送的達美樂及日式和風的摩斯漢堡等,都是這陣旋風下的產物。而以下則是針對速食餐廳的餐食與經營特色做說明。

一、餐食特色

速簡餐廳以其經濟實惠、服務快速及產品能維持一致的品質為主要的餐食特色。它所供應的餐食內容大致有漢堡、炸雞、薯條、三明治、披薩、濃湯類及其他的冷熱飲料等,除此之外,餐食的分量一定,不會因為顧客的不同而做改變,而餐食的容器則

是以拋棄式的紙製品及塑膠製品為主。

二、經營特色

速簡餐廳的設計以簡單、明亮且容易維護清潔整理為主。整體來說，速簡餐廳從產品、管理制度、外觀到內部的裝潢設計，都是以統一化及規格化為主要原則。而速簡餐廳所採用的自助式服務，從顧客點餐、付帳到供餐等過程都是在櫃檯前完成，顧客在結帳後，再將食物端到用餐區內享用。用餐完畢，顧客還必須自行清理用餐後所產生之垃圾，可說將自助服務充分發揮運用。雖然速簡餐廳的消費金額較低廉，但由於速簡餐廳相當地大眾化，而且顧客用餐時間又短，因此在翻檯率比一般餐廳高的情況下，速簡餐廳的營業收入通常是相當可觀的。

第七節　公路餐廳與娛樂場所餐廳

一、公路餐廳

㈠餐食特色

由於交通運輸的發達，使得南來北往的長程駕駛人增多，為了滿足這些駕駛人在行程中對餐飲的需求，公路餐廳便因此而產生。一般公路餐廳主要是以能夠快速供應顧客餐食為主，因此簡便的盒餐、自助餐或是西式速食等便成為公路餐廳所提供的主要

餐食種類。

(二)經營特色

　　國外的公路餐廳大多是以速食餐廳為主的經營方式，但在國內的情況則有所不同，目前國內的公路餐廳大多是以便利商店的型態出現，在商店中除了提供簡便的熱食外，還供應各式包裝食品及旅行的必需用品，除了可以滿足顧客的基本生理需求，同時也考量到顧客開車途中的不時之需。

二、娛樂場所餐廳

(一)餐食特色

　　這類型餐廳通常是娛樂場所為了滿足顧客在休閒娛樂之餘對餐飲所產生的需求而附設的供餐場所。由於娛樂設施才是顧客的主要消費目標，而餐飲只是為了滿足生理的飽足，因此，顧客對餐飲的要求不高，以迅速方便為主。因此，娛樂場所餐廳所提供的餐食，主要是以能夠在用餐的尖峰時段快速供應顧客的食物為主。而娛樂場所的類型也會影響到餐廳供應餐食的內容。

　　1.室內型娛樂場所：通常以速食產品及各式包裝食品為主。
　　2.戶外型娛樂場所：通常以速食產品、自助餐、盒餐或簡便
　　　的中式套餐為主。

㈡經營特色

　　由於這類型餐廳是附屬的性質，因此在設計裝潢時是以能夠和娛樂場所的風格一致為主，比較缺乏個別的特色。除此之外，餐廳營業狀況的好壞也會受到娛樂場所人潮的影響，尤其是戶外型休閒娛樂場所餐廳所受到的影響最深，因為戶外型休閒娛樂場所大多數都是位在市郊地區，因此主要的消費者就是前往休閒娛樂的顧客，而且很少會有消費者特地專程前往用餐，所以在週末假日時餐廳是門庭若市，但平日卻是門可羅雀，形成兩種極端的景象。

第八節　鐵板燒與蒙古烤肉

一、鐵板燒

㈠餐食特色

　　鐵板燒所供應的餐食是以方便廚師現場烹飪為主。顧客從菜單上所點選的餐食，除了湯類是另外供應外，其他的菜餚都是由廚師在鐵板上現場煎炒或烤熟，例如奶油烤鱈魚、炒青菜、沙茶牛肉等。由於食物從生到熟的整個烹飪過程，顧客均一目了然，因此，餐廳對食物的新鮮度、廚師的手藝及臨場反應等方面都特別注重。

㈡經營特色

　　鐵板燒餐廳最主要是採取用餐區與烹飪區結合的設計，而以
環繞鐵板烹飪區的U型用餐檯是最常見的設計形式（圖2-9），也
因此鐵板燒餐廳的經營特色也成為吸引顧客前往消費的主要因
素。鐵板燒餐廳的經營特色有：

1.廚師在顧客面前現場烹飪各式的菜餚，顧客除了可以立刻
　享用熱騰騰的菜餚外，還可以一邊欣賞廚師的精湛廚藝。
2.菜單中有少部分的菜餚是可以讓顧客自己動手進行最後的
　加熱處理，然後食用的，例如奶油烤蝦。
3.烹調好的餐食直接擺置在用餐檯前的鐵板上，可達到食物
　保溫的效果。

圖2-9　鐵板燒餐廳
來來喜來登大飯店提供

二、蒙古烤肉

㈠餐食特色

　　蒙古烤肉餐廳主要是以供應豬、牛、羊、雞等四種肉類及其他可以搭配這四種肉類一起食用的新鮮蔬菜為主的餐廳，除此之外，各式的調味料、湯類及飲料也是不可或缺的配角，而上面所提到的各種餐食，只有湯類及飲料是可以直接食用的，其他則是必須經過烹調後才可以食用的生鮮食物。

㈡經營特色

　　蒙古烤肉餐廳是以區隔式的透明烹飪區為主要的設計。在烹飪區內通常是以二位廚師為一組，共同使用一個圓餅形鐵板來烹飪食物。而它最大的經營特色為：

1. 食物材料都已事先經過清洗及切割，但卻未做任何的調味處理。因此顧客可以依據自己的口味加入不同的調味料後，再親自前往烹飪區將食物交給廚師進行烹調。
2. 顧客可以經由透明烹飪區的設計，觀賞到廚師烹調食物的完整過程及廚師精湛的廚藝。
3. 蒙古烤肉主要是採用自助式服務，而且通常是以一價吃到飽的方式經營。

第九節　會員餐廳

「會員制」是近代經濟發達下的產物，它最主要是以集合一群嗜好相似的人，然後提供這群人所需要的服務。會員餐廳就是這種制度下的產物之一。

一、餐食特色

會員餐廳所提供的餐飲多以西餐及中餐爲主，但由於餐廳必須要能完全滿足會員的需求，因此，不同的會員餐廳所提的餐食內容也有所不同，而廚師們通常也都必須具備烹調其他種類餐食的能力，以應付會員特殊的要求。

二、經營特色

由於會員餐廳服務的顧客固定而且少有變動，因此餐廳菜單的更換頻率比一般餐廳高，有些會員餐廳是以一個禮拜爲基準來更換菜單，有些則是以一個星期七天每天菜色不同做變化，除了可以吸引會員經常前往用餐外，也希望能避免因菜單的變化性不夠或重複性過高，而導致會員對餐廳產生厭煩的感覺。除了純粹提供餐飲的會員餐廳外，一些會員制的健康俱樂部、運動健身房等，會爲了方便及滿足會員的需求而附設餐廳，這些餐廳有時不只是供應會員餐飲，還會提供會員健康飲食的相關諮詢及製備，完全以會員的需求爲經營改進的方針。如此一來，不但可以提供

顧客更完善周全的服務，更可以吸引其他的消費者加入成爲會員，進而增加營業的收入。

第三章　餐飲組織

餐廳組織的基本原則與型態
餐廳組織系統
餐廳工作人員的職責與工作時間
廚房工作人員的職責
各部門的溝通協調

由於社會組成型態的改變，使得外食人口快速地增加、成長，就在這個因素的刺激下，使得業者紛紛投入餐飲市場中，餐飲業也因此呈現出蓬勃發展的情況。而由於餐飲業是屬於勞力密集的產業，因此它提供了想在這個行業中發展的有志青年許多的工作機會，然而這些擁有不同專長的人，在進入餐飲業職場後，將可能在餐飲組織中的哪一個部門工作？他的工作職掌又為何？而餐廳在成立之初又該如何將員工有系統的組織起來，發揮最大的功效？組織後的各部門又該如何進行彼此間的溝通與協調？這一連串的問題，就是本章所欲分析說明的重點，也是餐飲新進人員應該有的基本認識。

第一節　餐廳組織的基本原則與型態

一、餐廳組織的基本原則

由於餐飲業是一個勞力密集的產業，因此，一家餐廳是否能正常順暢的運作，除了員工的通力合作及團隊精神的發揮外，還必須要有一個完善的組織系統才可達成營業的目標。然而餐廳的種類繁多，不同的餐廳所提供的服務項目也有所差異，這使得我們無法一一加以列舉說明，但是絕大部分的餐廳都會以統一指揮 (unity of command)、指揮幅度 (spand of control)、工作分配 (jobs assignments) 及賦予權責 (delegation of responsibility and authority) 等四項原則為出發點，來設計它的組織結構。茲就這四項基本原則說明如後。

㈠統一指揮

統一指揮是指一位員工僅適合接受一位上級指揮，不適宜同時接受數位上級的命令，以免造成員工的無所適從，甚至造成組織內部的紊亂而失去它所應具有的功能。

㈡指揮幅度

指揮幅度是指一個單位主管所能有效督導及指揮的部屬人數。如果工作愈複雜、地區愈分散的時候，單位主管所負責監督的單位應該減少。然而指揮幅度的大小並沒有一定客觀的標準，以美國為例，一家餐廳的主管通常是以一個人督導一至十二人為標準。

㈢工作分配

工作分配主要是指餐廳主管應該依據每位員工本身的個性、學識、能力等因素，分別賦予他們適當的工作，讓員工能各得其所，發揮他們的專長，以達到最高的工作效率為目標。

㈣賦予權責

賦予權責主要是指在工作分配後，必須逐級授權、分層負責的意思。而權責應該儘量明確，才能增進工作的效率，並可以藉此培養主動負責的幹部人才。

二、餐廳組織的基本型態

在了解餐廳組織的基本原則後，我們要進一步介紹「直線式」、「幕僚式」及「混合式」等三種常見的餐廳組織基本型態，並希望藉此讓大家明瞭目前餐飲業的管理方式。

㈠直線式

這類型的管理指揮系統，是傳統式的由上而下的指揮，採垂直式命令管理。在這種組織型態下，每位員工的職責劃分明確，界線分明，部屬不但必須服從上級所交付的任何命令，而且還必須認眞努力地去執行完成。組織中每個人的權限職責分明是直線式管理的特色。

㈡幕僚式

這類型管理方式的特色是在於指揮系統中的指揮管理人員，都是幕僚顧問性質，他們只能提供各部門專業知識或改進的意見，但不能直接發布或下達任何的行政命令，也就是說，這些人員的建議或指示，必須透過各級主管人員，才能達到命令各員工執行工作的目的。

㈢混合式

這種管理方式是結合了直線式與幕僚式的優點所形成的一種指揮管理模式。這類型的指揮系統中，指揮管理人員不僅可以發布行政命令，同時也可以對上級提出改進的意見，目前混合式的管理方式是餐飲業最常採用的指揮管理模式。

第二節　餐廳組織系統

　　由於餐飲業在經營規模、策略運用及職權劃分等方面的差異，使得所採取的組織結構系統也有所不同。一般餐飲業中最常見的組織結構有簡單型、功能型及產品型等三種類型，其中功能型與產品型的組織結構大多是大型餐廳才會採用，而且這二種組織結構通常是以並存的方式出現。

一、簡單型

　　大部分的小型餐廳都是採用這類型的組織結構，它最大的特色是組織結構非常的扁平，如圖3-1。因為餐廳規模小，人事精簡，往往一人身兼數職，餐廳所有人就是經理，而其他的員工可

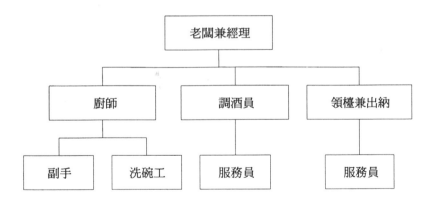

圖3-1　小型餐飲業之組織系統圖

資料來源：《餐飲服務》，高秋英著，揚智文化。

能就只有廚師、洗碗工及餐廳服務生，所以組織結構呈現扁平狀。

　　簡單型組織結構的另一個特色則是決策權操縱在一個人的手中，而且是以較不正式的口頭相傳來發布或傳達命令。但是在顧客需求多變化的餐飲業中，這種組織結構卻十分有利，因為決策者能夠立即接獲各種重要的資訊，並迅速地回應及解決各種問題。應變能力較高則是簡單型組織結構最主要的優點。

二、功能型

　　主要是將類似或相關的專業人員集合在同一部門中，而這種集合的過程我們將它稱為「部門化」（departmentalization）。經過部門化後，不但能方便管理控制，更能讓專長相近的員工集合在一起，使組織內部容易溝通，進而促進工作環境的融洽。

　　以規模較大的餐廳及旅館的餐飲部為例，其可能設有餐務部，負責器具的保管及清潔，以減少重複購置餐具的浪費，而其編制則依據工作內容與性質來劃分，此即典型的功能型組織結構。如**圖3-2**所示。

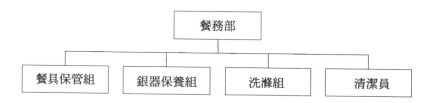

圖 3-2　飯店餐務部的編制組織系統圖

資料來源：《餐飲服務》，高秋英著，揚智文化。

三、產品型

　　餐飲業的組織通常劃分為兩大部分：外場與內場。內場負責廚房作業，外場則是直接面對客人提供服務。而產品型的組織結構通常是應用在內場的組織編制。以**圖3-3**之大型西餐廳的組織結構為例，它的內場編制，就是在主廚及副主廚之下，以產品線作為組織結構的設計。

　　產品型組織結構最大的特色是權責分明，成敗責任無法互相推諉。但是協調不易以及人員與設備的重疊設置，則是它最主要

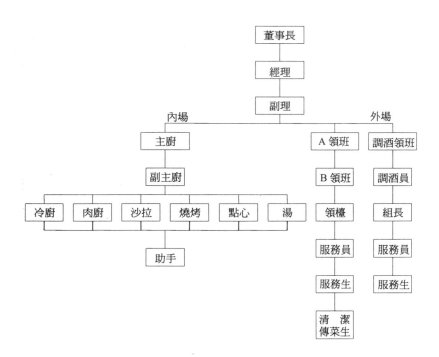

圖3-3　大型西餐廳之組織系統圖

資料來源：《餐飲服務》，高秋英著，揚智文化。

的缺點。

目前以飯店或旅館中所設的餐廳為例，它的組織系統較為龐大而且完整，而在這種組織系統中通常包括了餐廳部、餐務部、飲務部、宴會部、廚房、採購部、庫房及管制部等八個部門，如**圖3-4**所示。茲將各部門的職責簡述於後。

1. 餐廳部：負責餐廳食物及飲料的銷售服務，以及餐廳內的佈置管理、清潔、安全與衛生，部門編制主要包括了各餐廳經理、領班、領檯、餐廳服務員及服務生等工作人員。

2. 餐務部：除了負責一切餐具的管理、清潔、維護及換發等工作外，廢棄物的處理、消毒清潔、洗刷炊具及搬運等也在他們的工作範疇內。

3. 飲務部：主要是負責餐廳內各種飲料的管理、儲存、銷售及服務等工作。

4. 宴會部：主要是負責接洽餐廳所有訂席、會議、酒會、聚會、展覽等業務，同時宴會的場地佈置及現場服務等工作也包括在他們的工作範圍內。

5. 廚房：主要是負責食物及點心的製作與烹調，並控制食品的申請與領用，協助宴會的安排與餐廳菜單的擬訂。

6. 採購部：主要是負責飯店內所有用品及器具的採購，對餐飲部而言是一個極為重要的部門，凡是餐飲部所需要的食品、飲料、餐具、日用品等都是由這個單位負責採購。除此之外，採購部還必須負責審理食品價格、市場訂價及比價檢查的工作。

7. 庫房：主要是負責管理、清點、儲藏及分發搬運所有餐飲部門的食品及飲料，並製作詳細的統計報告，以確實地控

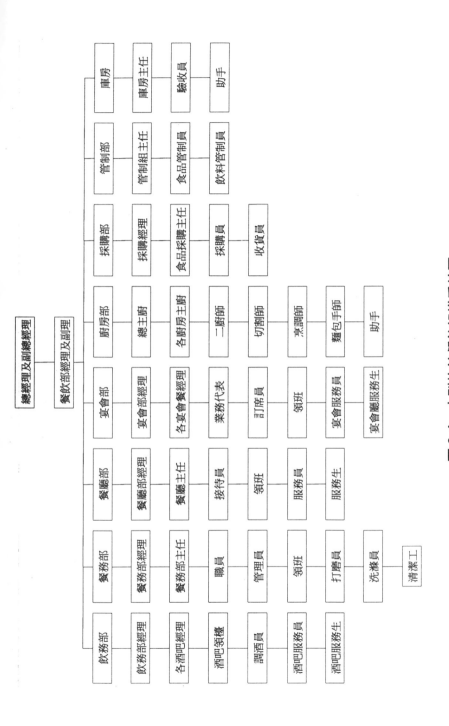

圖 3-4 大型旅館餐飲組織系統圖

資料來源：《最新餐飲概論》，蘇芳基編著。

制各類食品的庫存量。

8.管制部：主要是負責餐飲部門食品及飲料的控制、管理、成本分析、核計報表、預測等工作。這個部門實際上並不直屬於餐飲部，而是一個獨立作業的單位，並且直接對上級主管負責。

第三節　餐廳工作人員的職責與工作時間

一家餐廳要能正常地運作，必須要靠著各部門員工的分工合作才能完成。為了使每位員工都能充分了解自己的工作內容、職責與目標任務，工作說明書（job description）的設置則是最直接也是最有效的方法。

一、餐廳工作人員的職責

由於餐廳工作人員的職責會因為餐廳組織管理方式的不同而產生差異，因此，本節僅能就餐廳中各部門工作人員的職責做一通則性的說明。

㈠餐廳經理

餐廳經理必須是一位全方位的管理人。他必須熟悉餐廳運作的每一環節，還必須具備規劃執行及溝通協調的能力，同時對餐飲市場的變化具有高度的敏銳性，並以提供顧客最好的服務及最精緻可口的菜餚為任務，以期能順利推展餐廳的業務，進一步達

成餐廳營運的目標。他最主要的職責包括了：

1. 擬訂餐廳的營業方針、營運目標及預估銷售量。
2. 制定各項標準作業流程，例如服務方式、報表程序。
3. 負責員工的招募與遴選，擬訂員工訓練計畫及課程，並負責員工的督導、考核與管理。
4. 根據營業狀況調整並安排員工的工作時間表。
5. 擬定餐廳的行銷策略及促銷活動，以增加餐廳的營業收入。
6. 稽核各項營業日報及記錄資料，以便作為未來發展的重要依據。
7. 制定標準菜單，精確控制食物的成本。
8. 建立訂席系統，使廚房能有效地控制及安排菜單。
9. 負責意外事件及顧客抱怨的處理。
10. 負責各部門間的協調溝通。
11. 定期召開內部會議，修正業務方向及檢討得失。
12. 檢視餐廳內各項設備是否正常運作。

(二)餐廳領班

餐廳通常是以分區的方式提供服務，各分區的服務、檢查、督導及協調等工作則由領班負責管理。而餐廳領班最主要的職責包括了：

1. 負責轄區內服務人員的工作分配、指導與管理。
2. 督導務服務人員的服裝儀容、服務態度、禮貌及衛生安全等觀念。

3.負責稽核服務人員的出勤狀況及編排工作班表。

4.檢視轄區內的桌椅是否整潔，佈置是否完善，而各項設施與器具是否安置妥當。

5.負責並協助顧客點選餐食及飲料，並隨時注意顧客的喜好與動態，確保提供顧客良好的服務。

6.對顧客的帳單內容要負起全部的責任。

7.負責意外事件及顧客抱怨的處理，並向主管報告。

8.協助主管推展餐廳業務。

㈢餐廳領檯

負責餐飲與宴會的預訂、安排座位及對外連絡等工作。由於他是餐廳與顧客接觸第一線，因此，除了需具備餐飲的相關專業知識外，儀表端莊、態度親切及嗓音甜美也是必備的特質。主要職責包括了：

1.以親切的態度引導顧客入座。

2.熟悉餐廳的最大容量，掌握餐飲的預訂情況並做完善的安排。

3.協助領班督導服務人員工作。

4.檢視餐廳內的桌椅是否整潔，佈置是否完善。

5.協助意外事件及顧客抱怨的處理。

6.接受並完成主管所交辦的任務。

㈣服務員

服務員是餐廳與顧客接觸最頻繁的工作人員，除了要有「顧

客至上」的服務精神及親切的態度外，還必須完成銷售與促銷的任務。因此一位傑出的服務人員，必須具備餐飲的服務技巧、產品的相關知識及良好的銷售技巧等能力。他最主要的職責包括了：

1.負責桌面的清潔、整理、擺設及佈置。
2.熟悉服務流程、服務技巧及各種器皿的正確使用方法。
3.熟悉菜單內容、烹調時間與方法及餐飲的特色，以協助顧客點餐。
4.正確迅速地將餐飲端送給顧客，並且必須注意顧客所點用的菜餚是否延誤，同時還要隨時為顧客添加茶水，以提供顧客最佳的服務品質為目標。
5.如果遇到顧客抱怨事件，應立即通知主管幹部前往處理。
6.熟悉帳單的作業處理流程。
7.接受並完成主管所交辦的任務。

二、餐廳的工作時間

餐廳的工作時間會因為餐廳種類的不同而有差異，但一般而言，員工的工作時間是以早班與晚班的二班制或早、中、晚的三班制為主。由於餐廳營業時段有離、尖峰之分，而這種情形則是受到顧客用餐習慣的影響，因此，午餐及晚餐時間通常是餐廳一天之中的營業尖峰時段，所以餐廳在安排員工的工作時間上，大多會採取重疊交班的方式。例如早班人員上班時間是上午六點半至下午二點半，而中班人員則是中午十二點至晚上八點，其中重疊中午十二點到下二點半的時間，而這個時段就是顧客的午餐時

間，餐廳通常較爲忙碌，也會需要較多的服務人員，而採取這種交班方式就可以解決服務人員不足的問題。以下則是例舉說明不同餐廳的員工工作時間。

■ **咖啡廳**

1. 早班：上午六點半至下午二點半。
2. 中班：中午十二點至晚上八點。
3. 晚班：下午四點至晚上十二點。

■ **酒吧**

1. 早班：上午十點至下午六點，或上午十點半至下午七點。
2. 晚班：下午五點半至凌晨十二點，或下午六點半至凌晨二點。

■ **西餐廳或牛排館**

1. 早班：上午十點半至下午二點半；下午五點半至晚上十點半。
2. 晚班：中午十二點至晚上九點。

■ **中餐廳**

1. 廣東菜兼茶樓及供應早餐
   ・早班：上午七點至下午二點半。
   ・晚班：下午二點至晚上十點。
2. 江浙、川菜、湘菜館
   ・早班：上午十點半至下午二點半；下午五點半至晚上十點半。

‧晚班：中午十二點至晚上九點。

■ 宴會廳

　　宴會廳的上班時間完全是以當日所訂的宴會時間來決定。

第四節　廚房工作人員的職責

　　廚房是餐廳製備餐食的地方，然而廚房內工作人員的編制則因餐廳的大小及供餐種類的不同而互異。一般而言，廚房的工作人員大致包括了主廚、副主廚、廚師、切肉師、麵包師及助手等。而他們的工作時間與餐廳服務人員相同，也有二班制或三班制之分。以下則是針對各廚房工作人員的職責做說明。

一、主廚

　　主廚的職責如下：

1.負責標準菜單的製作及食譜的研究與創新。

2.與餐飲部經理、宴會部經理及各部門經理保持聯繫並負責協商。

3.負責廚房員工的訓練、督導、考核、任務分配及班表的編排等工作。

4.依據顧客需求、餐廳的貨源及設備與技術研擬宴會菜單。

5.檢視食物的標準分量、烹調方法及食物原料的準備方式是否正確，以維持餐飲的供應品質。

6.參加例行的餐飲部會議，並提供意見與建議。

7.檢視廚房各項設備與設施的安全與衛生，確保工作人員的安全與餐飲的衛生。

8.填報所需要的食物原料種類與數量，交給採購部門進行採購。

二、副主廚

協助主廚督導廚房的各項工作。

三、廚師

廚師的職責如下：

1.負責食物的烹調及前煮等準備工作。

2.各種宴會的佈置與準備工作。

3.檢查廚房的清潔、安全與衛生。

4.負責工作人員的調配與考核、督導等工作。

5.申請領用廚房內所需的用品。

6.直接向主廚負責。

四、切肉師

切肉師的職責如下：

1.負責食物原料烹調前的切割工作。

2.負責各類菜單上的魚肉類的準備工作。

3.調配工作。

4.申請所需物品，直接向主廚負責。

五、麵包師

麵包師的職責如下：

1.負責餐廳麵包的製作與供應。

2.負責餐廳甜點的製作與供應。

3.負責蛋糕及點心的訂製。

4.製作數量的彙整報告。

5.申請所需物品並直接向主廚負。

六、助手

助手的職責如下：

1.負責廚房內的搬運清理、準備遞送及收拾整理等工作。

2.負責副食品及佈置品的佈置等工作。

3.完成主管所交辦的工作。

第五節　各部門的溝通協調

　　良好的溝通不但能降低部門間的歧見，更能正確地傳達相關的訊息與命令，使工作更有效率。而有效的協調，則能排除部門間因工作而產生的磨擦與誤解，使餐廳整體的運作更為和諧。因此，對勞力密集的餐飲服務業來說，溝通協調就成為一項很重要的工作。一般而言，溝通的管道可分為「正式」與「非正式」二種。

一、正式溝通

　　主要是指透過一定的程序進行溝通，它又可分為「垂直型溝通」與「水平型溝通」二類。

㈠垂直型溝通

　　垂直型的溝通，是以訊息的傳達為主。又可細分為二：

■ 由上而下

　　主要是指由主管所直接下達的行政命令或指示。在較大型的餐廳或飯店附設的餐廳通常是經由公告、公文、員工手冊或公司內部刊物等工具來傳遞訊息。而小型的餐廳則大多是以公告或口頭傳遞為主。

■ 由下而上

　　主要是指由部屬向主管回報命令的執行成果或提出意見與建議。通常可經由公文傳遞、投訴窗口、意見箱或員工會議等方式，

讓員工回覆執行成果及表達自己的看法與意見。

這是一個很重要的溝通管道，但是由於餐廳規模大小與組織型態的不同，使得小型餐廳或組織較為扁平的餐廳，它的上訴管道通常比大型餐廳來得暢通，因此對員工的意見也比較能做出立即的反應。

(二)水平型溝通

主要是指各部門間訊息的交換及意見的協調。有效的水平型溝通與協調，也成為團隊合作的重要因素。餐飲業是由不同專長的人組成不同的部門，並且在各自的部門領域中工作，例如餐廳中有前場與後場之分。由於各部門的工作性質迥異，而且彼此在工作時的交集點不多，因此很容易造成訊息傳遞的中斷或扭曲，因而造成部門間的誤解。所以如何讓訊息能夠在部門間順利地傳遞，也就成為經理人的重要職責之一。

二、非正式溝通

非正式溝通包括了所有非正式及非計畫性的溝通，它可能發生在公司內部的各階層中。一般來說，這種溝通方式通常是經由非正式的意見領袖，以閒聊、交談的方式將消息傳佈開來。

非正式的溝通由於不受時間地點的限制，因此，傳遞消息的速度較快，而它所造成的影響也就成為經理人應該特別注意的地方。當經理人聽到消息、傳言時，必須對它的正確性及可靠性加以查證，一但發現消息、傳言與事實不符，或是已經遭到扭曲時，經理人就必須適時的加以指正，以免因此造成員工及部門間的誤解，影響團隊士氣。

針對不同溝通協調方式的缺點加以改善及修正，使各個溝通管道均能暢通無阻，如此一來不但能降低誤解的產生，更能針對真正存在的問題進行協調並加以解決，使各部門間更加團結，進而共同為餐廳的營運目標而努力。

第四章　餐廳與廚房的格局設計

餐廳的格局設計
廚房的格局設計
倉庫的格局設計

餐廳格局的設計主要是受到經費預算、面積大小、餐廳營業性質、主要顧客群特性及餐食內容等因素的影響。由於所受到的限制不同,因此餐廳格局的規劃與設計會有所差異。儘管如此,主要的設計原則卻不變,因此在投資興建之初,即應配合需要並考慮日後的發展性,擬定一個全盤性且詳細完整的計畫,如此一來,即使空間有限,經費不充裕,但是一樣可以讓有限的資源發揮最大的功效。

第一節　餐廳的格局設計

餐廳是一個產銷合一的綜合體,它不但有生產產品的廚房,銷售產品的服務人員,更有在餐廳內立即消費的顧客,因此餐廳整體格局的設計除了考量工作的特性及要求外,也要考慮到消費顧客的需求,所以在設計格局時,應該明確地區分出管理行政區、服務區、廚房等不同性質的區域,讓工作人員能井然有序地在不同區域內完成他們的工作。而餐廳設計的基本原則可以從外觀設計及內部設計兩部分來說明。

一、外觀設計的基本原則

外觀設計的基本原則如下:

1.餐廳名稱的選定是在外觀設計前就應該決定的事項,根據所選定的名稱才能設計出與名稱相符的外觀及特殊的店招。而選擇餐廳名稱時應考慮的因素有:

・要能讓消費者印象深刻而且容易記憶，最好還能夠朗朗上口。

・配合主要消費群的特性，不但能加深顧客的印象，更能招徠消費者。例如消費群為年輕人時，應該以具流行感、奇特新穎或諧音及諧意的名稱來命名，如此比較能夠抓住他們一探究竟的好奇心，吸引他們前來消費。

2.確立餐廳的主題及主要消費群的喜好，並配合建築物之特色，設計醒目並能吸引消費者的外觀及店招。

3.設計時除了必須注重特殊風格外，最好也能賦予隱藏或暗示性的意義，如此一來就更能讓顧客留下深刻的印象。

4.要能表現出產品的特色，最好是讓消費一看便知道餐廳的主要產品是什麼。

5.以開放式或透明式的設計為佳，這樣可以讓消費者親近及了解餐廳，進而引起消費者進入消費的欲望。

6.設計時應注意所在商圈的文化特色，在力求凸顯餐廳風格的前提下，也要能融入當地的文化特色，避免與該區域產生隔離感。

二、內部設計的基本原則

㈠正門的設計應明顯且方便顧客進出

由於土地價格的飆漲，使得餐廳所有權或使用權的取得價格昂貴，所以有些餐廳經營者會選擇巷弄內或建築物二樓以上的樓層作為餐廳的營業場所。因此，正門的設計就顯得格外重要。

正門的位置與設計應該以容易被消費者發現,而且有明顯易懂的指示為宜。除此之外,正門不宜太小,必須要讓顧客方便進出,如果空間足夠,最好是能將餐廳的進出路線加以區隔開來,如此不但能有效地區分顧客的行進方向,還能快速提供顧客所需要的服務,例如等候帶位入座或準備結帳離開。而且還可以幫助工作人員順利執行他們的工作。

㈡空間有效及完善的規劃

雖然餐廳是以營利為目的的行業,但除了供應餐飲外,顧客也相當注重用餐環境的舒適性。所以餐廳的格局設計必須留有相當的空間,除了讓工作人員能有足夠的工作活動空間外,還可以達到顧客彼此間的區隔效果,讓顧客享有較多的穩私空間並且能比較不受干擾,因此,餐廳中絕對不可以用大量的桌椅將空間全部填滿。

餐廳的空間設計還應考慮到工作人員的活動範圍,應盡量以寬敞且讓員工操作器具方便為主,如此不但可以增加工作效率,同時又可以避免工作時發生互相碰撞的危險。此外善加運用色彩的明暗對比、光線的變化、植物、掛畫、玻璃等裝飾餐廳的空間,讓小空間有寬敞感,大空間有溫馨感,並進而營造出餐廳特殊的風格與氣氛。

㈢良好的動線安排

動線主要是指顧客、餐廳服務人員及物品在餐廳內的行進方向路線。因此,我們可以將動線區分成顧客動線、服務人員動線及物品動線等三種。

■ 顧客動線

　　顧客進入餐廳後應採直線前進的方式設計他們的行進方向，以讓顧客可以直接順暢的走到座位為主，如圖4-1所示。如果行進路線過於曲折繞道，會令顧客產生不便感，而且也容易造成動線混亂的現象。

■ 服務人員動線

　　服務人員的主要工作是將食物端送給顧客。為求最佳的工作效率，外場的動線也應該採取直線設計且儘量避免曲折前進，同時還要避開顧客的動線及進出路線，以免與顧客發生碰撞，尤其是服務上菜的路線，更應該有明顯的區隔，以免因為碰撞翻覆而造成傷害。如圖4-2所示。

■ 物品動線

　　餐廳物品及食物原料的進出口及動線應與服務人員動線及顧客動線做完全絕對的區隔，以避免影響服務人員的工作及打擾顧客的用餐。最好的方式是另闢專用進出口及動線，並以鄰近廚房及儲存設備為主要設計考量，如此一來不但能節省人力及物力，更可以在最短的時間內將物品及食物原料做最適當的處理。

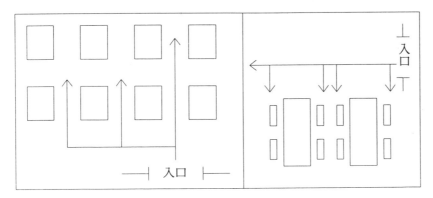

圖4-1　顧客動線示意圖

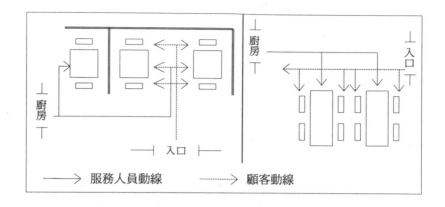

圖 4-2　服務人員動線示意圖

㈣縮短餐廳與廚房的距離

　　餐廳與廚房的距離不宜太遠，而且同一部門也應該以規劃在同一樓層或鄰近區爲主。如果餐廳與廚房的距離太遠，容易產生下列不良的影響：

1. 食物經過較長距離的端送，很容易因此喪失它應有的溫度及特殊的香味。
2. 餐廳與廚房的距離如果太遠，不但會增加服務人員往返的時間，還會耗損服務人員的體力，導致疲憊而使工作效率降低。
3. 顧客容易因爲等候太久而產生不悅的情緒反應，進而影響顧客對餐廳的評價。
4. 用餐時間拉長，使餐廳的翻檯率降低。

㈤注意衛生與安全設施

餐廳是屬於公共場所的一種,因此在規劃設計時,餐廳的安全與衛生也是重要的考量因素之一,尤其是聚集了烹調器具及生鮮食品的廚房,不但在設計時要考慮防火及滅火的相關器具及鍋爐警示等裝置,還要注意排水系統、污水排放系統、垃圾處理及食物冷藏冷凍設備等,是否設計安裝在適當的地點。此外服務區的空調系統及燈光設備也是應該注意的地方,因為良好的空調及燈光設計,不但能提供員工良好安全的工作環境,也能讓顧客在清新安全的用餐環境中安心地享用衛生美味的餐食。

第二節　廚房的格局設計

廚房是餐廳最重要的生產部門,它控制了產品的品質與餐廳的銷售利潤。如果廚房能維持良好始終如一的產品品質,不但能維持餐廳餐食應有的等級,更能讓餐廳獲得顧客的肯定並建立良好的形象。而產品生產過程的適當控制,則可以避免成本的浪費,讓餐廳獲得應有利潤。因此,廚房可以說是餐廳重要的「財庫」,因此,經營者在設計廚房格局之前必須先了解它的基本工作流程,才能做進一步的規劃與設計。

圖4-3是一個完整廚房作業的基本流程。從食物原料的進貨、驗收、儲藏,到食物的前置處理、烹飪,一直到最後的廚餘處理與清洗工作等,都是廚房的職責範圍。因此,基本上廚房應該具備有驗收儲藏、烹飪作業及備餐處理清洗等三種功能,而我們也可以依據這三種功能來規劃設計廚房的格局。

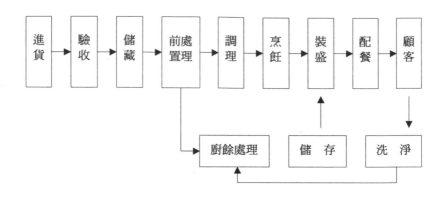

圖 4-3　廚房作業之基本流程

資料來源:《餐飲服務》,高秋英著。揚智文化。

一、廚房的規劃目標

一個良好的規劃工作應該達成下列八個目標:

1.收集所有相關的佈置意見。

2.避免不必要的投資。

3.提供最有效的空間利用。

4.簡化生產過程。

5.安排良好的工作動線。

6.提高工作人員的生產效率。

7.控制全部生產品質。

8.確保員工在作業環境中的衛生與安全。

上面這些目標必須經由規劃人員、負責管理人員及相關的現場人員共同努力合作才能完成。

一般餐廳廚房的規劃人員往往忽略了計畫過程中的資料收集與分析，在沒有全程參與而直接進入實務規劃的情況下，首先，就可能由於沒有和經營管理人員做明確的溝通，而產生廚房設備區閒置的情形。其次則是因為缺乏足夠的資料評估，導致設備無法完全符合實際的需求，不是需要增購就是必須更換。因此，廚房在規劃設計之前，必須在營運計畫中先做一次詳細的分析來決定餐廳的需求量，例如餐廳的營業目標、實際大小與經營方式、準備使用的服務方式、預估的顧客人數、營業時間、菜單設計及未來的需求與發展趨勢等，而廚房規劃人員在這個時候就應該共同參與研究調查的工作，之後，再根據實際的需求來規劃設計廚房的格局，才能讓廚房發揮它最大的效能。

二、廚房設計的基本原則

廚房的設計會因餐廳供應餐食種類的不同而有所差異，但是儘管如此，廚房格局的設計卻有一套基本的原則可以遵循，茲說明如下：

1. 廚房格局設計必須注意動線的流程，最好是能以各項設備來控制員工的行進方向。同時廚房的進出通道也必須分開，才能避免員工發生碰撞的危險。
2. 廚房的進退貨必須有專用的通道，而且絕對不可以穿愈烹飪作業中心區，以免妨礙烹飪工作或發生意外。
3. 廚房應該以分區設計為宜，例如冷食區、熱食區、洗滌區等。
4. 應以空間的充分有效利用作為格局設計的主要考量要素。

5.廚房的設備與設施都必須考慮到人體力學,讓員工能在最適宜的環境下工作,否則將會影響員工的工作效率,或造成員工因不當的操作而產生疲累感。

三、廚房格局的基本類型

目前廚房格局的設計,大多是以歐美廚房的格局類型為設計時的主要參考依據。雖然設計可以依據餐廳不同需求而做彈性的調整與變化,但是仍然是以基本類型為骨架來做變化,而廚房格局的基本的類型有背對背平行排列、直線式排列、L型排列、面對面平行排列四種。

㈠背對背平行排列

這種排列方式又被稱為「島嶼式排列」。主要是將烹調設備以一道小牆分隔成為前後兩部分,它的特點是將廚房主要設備作業區集中,如此便可以將通風空調設備的使用降到最低,是一種最經濟方便的規劃格局。此外,在感覺上也能有效地控制整個廚房作業程序,同時還可使廚房的相關單位相互支援,密切配合。如圖4-4所示。

㈡直線式排列

它的特點是將廚房的主要設備排列成一直線,通常是以面對著牆壁排成一列,而在上方則有一長條狀的通風系統罩,並與牆面成直角固定著。這類型的設計通常會運用在各種大小不同的餐廳廚房,因為直線式排列格局不但操作方便而且效率高,不論是

圖4-4　背對背平行排列的廚房格局

肉類或海鮮類的烹飪及煎炒，都很適合使用這類型的格局設計。如**圖4-5**所示。

㈢L型排列

　　當可利用的廚房空間較小，沒有辦法使用島嶼式排列或直線式排列的設計格局時，通常就會採用L型排列格局。它主要是將盤碟、蒸氣爐部分從烹飪區中挪出，做L型的排列。這類型格局設計也適用於採取餐桌服務的餐廳。如**圖4-6**所示。

㈣面對面平行排列

　　這類型的設計主要是將烹調設備面對面的橫置在整個廚房的兩邊，再將二張工作檯橫置中央，工作檯之間並留有往來的通道。

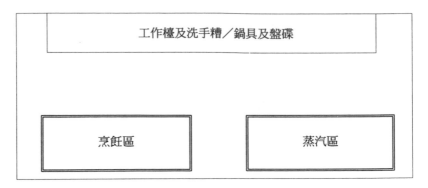

圖 4-5　直線式排列的廚房格局

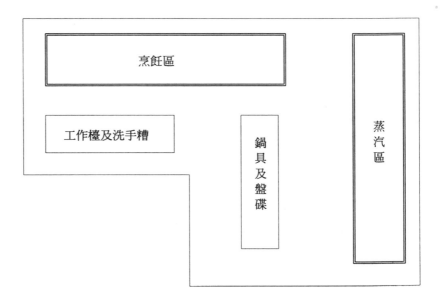

圖 4-6　L 型排列的廚房格局

這種格局設計適用於醫院、工廠或公司員工供餐的廚房。如圖4-7
所示。

四、設計時應注意的事項

　　廚房的整體設計除了內部空間的規劃外，還包括了廚房面
積、氣流壓力、其他基本的相關設施及人體工學的考量等，而這
些部分在設計時也有它應該注意的地方，茲說明如下。

㈠廚房面積

　　餐廳廚房面積的大小是餐廳在規劃之初就應該決定的事項，
而我國政府對廚房面積的大小有二種不同的規定：

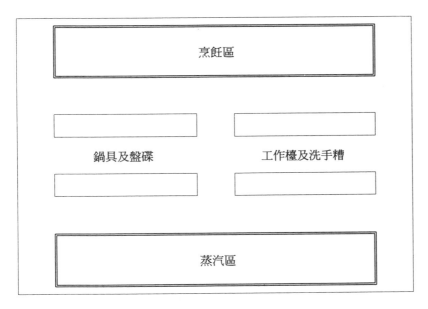

烹飪區

鍋具及盤碟　　　　　　工作檯及洗手糟

蒸汽區

圖 4-7　面對面平行排列的廚房格局

1. 「台灣省公共飲食場所衛生管理辦法」，在這辦法中規定廚房面積應占營業場所面積的十分之一以上。

2. 交通部觀光局所訂的「觀光旅館規則」，見**表4-1**。

上述二種規定中，以觀光局所訂廚房面積約為供餐場所面積三分之一的規定較合理。而台灣省公共飲食場所衛生管理辦法所規定的十分之一則嫌太過擁擠，員工在操作時會有困難，例如營業場所有一百坪的餐廳，它的廚房面積卻只有十坪，是絕對行不通的。

(二)廚房與用餐區的氣流壓力

餐廳正確的氣流壓力應是外場用餐區的壓力大於內場廚房的壓力，如此一來，廚房燥熱的氣流及油煙才不會流向外場，如**圖4-8**所示。對於一個餐廳經營者來說，外場一定要保持正確的壓力，讓空氣保持乾淨清新。原因有四：

1. 當顧客進入餐廳時，能給予顧客涼快舒適的感覺。

2. 由於氣流往室外流動，可以防止灰塵、蚊子、蒼蠅等小病媒的入侵。

表 4-1　交通部觀光局所規定之廚房面積比例一覽表

供餐場所淨面積	廚房面積
1500 m² 以下	供餐場所淨面積×33%以上
1501～2000 m² 以下	供餐場所淨面積×28%＋75 m² 以上
2001～2500 m² 以下	供餐場所淨面積×23%＋175 m² 以上
2501 m² 以上	供餐場所淨面積×21%＋2255 m² 以上

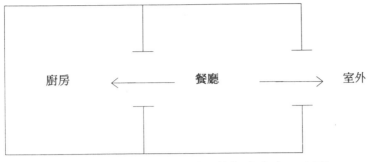

圖 4-8　廚房與用餐區的氣流方向示意圖

3.可以降低廚房的溫度。

4.可以調節廚房污濁的空氣。

㈢其他基本設施

■ 牆壁和天花板

　　所有食物調理處、用具清潔處和洗手間的牆壁、天花板、門、窗應以淺淡色、平滑且易於清潔的材料為主,同時天花板更應該選擇能通風、能減少油脂吸附、能吸附濕氣且防火的材料。

■ 地板

　　地板則是以平滑、耐用、不具吸附性且容易洗滌的材料舖設。而調理場所的地板則是以混凝土、磨石子等防滑材料舖設;容易受到食品潑液或油滴污染的區域,則是使用抗油質材質的地板較佳。除此之外,地板舖設時應注意傾斜度,以利排水,基本上每公尺的傾斜度應該是在1.5到2公分之間。

■ 排水溝設計

　　排水溝設置的位置應距離牆壁3公尺的寬度,而且兩排水溝之

間應該保持6公尺的距離。此外排水溝的寬度至少要有20公分,而深度至少要有15公分,底部的傾斜度則是每100公尺約為2公分到4公分,同時排水溝底部與溝側面連接部分要有5公分半徑的圓弧(R),以避免污穢物殘留在排水溝中,如圖4-9所示。

　　排水溝所使用的材質必須要以易洗、不滲水、光滑的材料為主,而且設計時應該儘量避免彎曲,讓水流能夠順利地排出,同時為了防止昆蟲、老鼠的入侵以及食物殘渣的流出,排水溝應設置三段不同的濾網籠,而且一定要有防止逆流的設施,如果是開放式的排水溝設計則要加設溝蓋。

■ 採光設計

　　廚房照明設備的光度應該在一百米燭光以上,尤其調理檯及工作檯的光度是愈高愈好。如果廚房的採光不足,容易造成員工工作時精神不集中,很容易因此而發生意外事件。

■ 通風設計

　　廚房應有足夠的通風設備,而且通風口還必須要有防止蚊蟲、老鼠或其他污染物質進入的措施。除此之外,還必須注意排

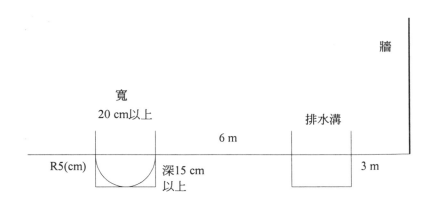

圖 4-9　排水溝設計的相關規格圖示

資料來源:《餐飲服務》,高秋英著,揚智文化。

氣時的噪音問題。

■ 盥洗室

　　盥洗室應分成顧客專用與工作人員專用二種，而且數量必須足夠。所有的盥洗室都必須與調理場所隔離，尤其是化糞池更應與水源相距10公尺以上的距離，以避免污染水源。而盥洗室所採用的建材則應以不透水、易洗及不納垢的材料為主，設計時還應注意門的密閉性並做好防蟲鼠的措施。最後，盥洗室內還必須裝設洗手的相關設備，以維護工作人員及顧客的衛生與安全。

■ 洗手設備

　　洗手設備應使用易洗、不透水及不納垢的建材為主，並且具備有流動的自來水、洗潔劑、消毒劑、烘手器或拭手紙等設施。

■ 水

　　廚房應有固定的水源及足夠的供水設備。供水的水管則必須以無毒的材質為主。蓄水池則是以不透水材質建造並加蓋，同時應定期進行清洗以維持水質的潔淨及不受污染。此外，與食物直接接觸的用水還必須要符合飲用水的水質標準。

㈣人體工學的考量

　　廚房工作檯的設計應符合人體的高度，活動的空間則應考量工作人員雙手伸張後的範圍距離，如此才能讓工作人員在最適宜的環境下工作。當然，大多數餐廳都是先有設備及設施後才招募員工，而由於員工個體上的差異，使得工作檯的高度通常無法完全符合每位員工的需求，但餐廳仍可以取一般的平均值作為設計時的參考依據，如**表4-2**。至於每個人活動範圍的大小則可以參考**圖4-10**。

表 4-2　身高與工作檯高度之對照表

員工的身高	工作檯的高度
145～160 cm	65～75 cm
160～165 cm	80 cm
165～180 cm	80～85 cm

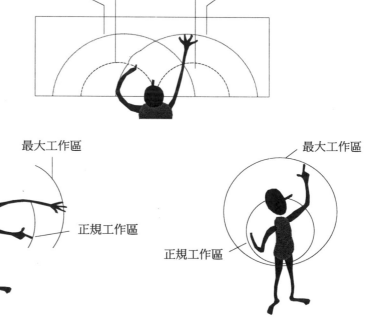

圖 4-10　員工活動範圍示意圖

第三節　倉庫的格局設計

　　完善的儲藏設備不但能使物品依性質分門別類地加以儲藏以方便存取，同時也可以確保物品的品質。一般餐廳的儲藏設備可以分為乾貨倉庫、冷凍冷藏庫及日用品補給倉庫等三種。而倉庫面積的大小，則是根據餐廳的類型、菜單種類、營業量、採購方針、訂貨週期及地點等因素來決定。由於它並不是餐廳的營業場所也不是生產中心，所以在設計時很容易被忽略掉。然而一個設計良好的倉庫，卻能發揮完善保存食物原料的功能，讓食物原料在使用期限內依然新鮮，進而降低因為食物損壞而增加的成本支出。因此，餐廳的規劃設計人員及經營管理者應該重視倉庫格局的設計。

一、乾貨倉庫

㈠乾貨倉庫面積的決定

　　對餐廳而言，多大的倉庫面積才是足夠的？是倉庫設計前應先確定的問題。目前倉庫面積的決定有二種不同的方法：

1. 根據餐廳營業量的大小來決定倉庫面積：也就是由每天所供應的餐數來決定倉庫面積的大小。而這個方法的基本依據是以每供應一道餐食約需要倉庫面積0.1平方公尺來計算。

2.根據實際儲備量的需要來決定倉庫面積：以餐廳營業應有二星期的儲備食物原料為例，餐廳可以先計算出二星期營業所需要的各種食物原料的總量，然後再推算出儲備這些食物原料所需要的倉庫面積。

(二)乾貨倉庫的設計原則

乾貨倉庫的設計原則如下：

1.倉庫必須要有防範老鼠、蟑螂、蒼蠅等設施。
2.餐廳或廚房的水管或蒸氣管線路應避免通過這個區域。如果無法避免時，則必須以絕緣處理方式讓管線不會漏水或散熱，以避免濕度或熱氣破壞儲藏環境。
3.一般倉庫的高度約在145公分到250公分之間。
4.儲藏物品不可以直接放置在地板上，至少需要離地面25公分高並且與牆壁保持約5公分的距離，因此，倉庫內必須設計各式置物架或櫥櫃來放置物品，較常見的倉庫與櫥櫃設計如**圖4-11**所示。
5.各種儲藏倉庫面積的大小，應該根據餐廳的類型、菜單種類、營業量、採購方針、訂貨週期及地點等因素來決定。
6.乾貨儲藏量最好以四天至一星期的時間作為標準庫存量，絕對不可因為倉庫太大而庫存過多的物品，這樣不但會造成資金的閒置與浪費，同時還會增加管理上的困難。
7.倉庫應位於原料進貨驗收處與廚房之間，三者間的距離愈近愈好，這樣不但可以減少原料搬運的距離，還可以防止因人流、物流的擁擠所導致原料供應延誤的問題。
8.倉庫必須有設計良好的通風系統，才能讓倉庫維持在適當

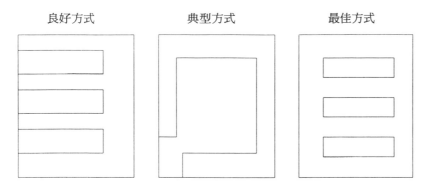

良好方式　　　　　典型方式　　　　　最佳方式

圖 4-11　倉庫與櫥櫃的配置方式

資料來源：《餐飲服務》，高秋英著，揚智文化。

的溫度與濕度。按照標準，乾貨倉庫的空氣每小時應交換
四次。

9.倉庫的玻璃門窗應該儘量採用毛玻璃，以防止因陽光直射
而造成室內溫度過高導致食物原料被破壞。

10.倉庫內應有充足的照明設備，一般是以每平方公尺2至3瓦
為設計標準。

二、日用品補給倉庫

日用補給品包括了餐具、盤碟、各類布巾、文具及清潔用品
等。基於衛生與安全的考量，這些用品必須與食物原料分開儲藏，
以免發生誤用或污染食物原料，導致原料出現變質或腐敗等情
形。

日用補給品倉庫最少要有5平方公尺的面積，而最大面積則是
以餐廳供餐份數的多寡來做調整，一般可以用每一百份餐約需0.1

平方公尺的面積作為計算的標準。此外餐廳的種類也會影響日用品補給倉庫面積的大小，例如歐式自助餐廳，因為盤碟的使用量大，再加上盤碟的破損率較高，因此就需要較大面積的倉庫。

第五章　餐廳與廚房的設備

餐廳的設備
廚房的設備
廚房的刀具與鍋具
冷凍與冷藏設施

「工欲善其事，必先利其器」，各行各業都有其專屬的生財器具，餐飲業也不例外。因此，餐飲業的工作人員必須要熟悉工作範圍中可能將會使用到的設備，這其中包括了設備的正確操作方式、步驟及功能的了解，如此才能順利地進行自己的工作，並且在熟練後提升工作效率。本章將介紹餐廳與廚房較常見的設備，讓讀者對餐廳與廚房的特有設備能有一個基本的認識。

第一節　餐廳的設備

這裡所謂的餐廳設備，主要是指顧客與服務人員在用餐區中所使用到的各項設備，包括了固定的硬體設備，例如餐桌與椅子，以及服務的設備與器具，例如準備檯、手推車、餐具等。

一、固定的硬體設備

由於不同餐廳所選用的餐桌椅款式及設計時的要求會有頗大的差異。因此，在選擇餐廳桌椅時大多是以能配合餐廳的風格及等級，並在考慮顧客的需求前提下作為設計或採購時的依據。

㈠餐桌

一般認為理想的餐桌高度應該是在71公分左右。如果低於71公分會造成服務人員在工作時的困擾，因為服務人員在服務顧客時必須不時的彎下腰工作。而最高則不宜超過76公分，否則會造成顧客在用餐時的不便。至於餐桌面積的大小，則是依據餐桌的形狀及顧客用餐時所必須使用到的面積來決定。

餐桌的形狀可分為圓桌與方桌二種，一般來說，顧客在方桌用餐時，每個人至少需要桌寬53公分，而比較舒適的寬度則是61公分，有時候高級餐廳的桌寬則會寬達76公分，不過餐桌的寬度並不是愈寬愈好，如果大於76公分寬時，不但會造成顧客的孤獨感，更是一種空間上的浪費。至於圓桌則沒有一定的標準。各類型餐桌的容納量如**表5-1**。

目前除了速食餐廳或快餐廳是採用固定式桌椅外，一般餐廳的餐桌大多可以移動，並且以可疊收為選擇時的主要考量，原因有二：

1. 如果不用時可以收起來，避免占用空間。
2. 如果單一餐桌沒有辦法同時容納一群顧客時，可移動桌子合併，增加容納量，以符合顧客的要求。

因此，在設計餐桌或採購時也有必須注意的事項：

1. 餐桌尺寸的高度必須一致，以避免餐桌合併時發生桌面高低不平的現象。

表 5-1　各類型餐桌容納量一覽表

用餐人數	圓桌（直徑）	正方桌（邊長）	長方桌（長×寬）
2	80 cm	60 cm×60 cm	60 cm×70 cm
3	90 cm		100 cm×75 cm
4	100 cm	100 cm×100 cm	120 cm×75 cm
6	120 cm	不適當	150 cm×75 cm
8	150 cm	不適當	240 cm×75 cm

資料來源：《餐飲服務》，高秋英著，揚智文化。

2.桌腳是否平穩？是否會影響顧客的進出？

3.桌面材質是否具有耐熱、耐磨及不易褪色的特性。

以上三點都是在設計或選購餐桌時必須注意的地方。

(二)椅子

椅子的舒適與否對餐廳用餐的顧客而言是很重要的。一般來說，速食餐廳與快餐廳是比較不重視椅子的舒適性的，因為這些餐廳的餐食價格較低廉，所以必須以較高的翻檯率來增加餐廳的營業收入，如果椅子太舒適就會拉長顧客的用餐時間，並因此降低翻檯率，影響營業收入。然而一般的餐廳，尤其是愈高級的餐廳，對椅子的造形及舒適度就愈講究。但不論椅子是簡單或豪華，都必須依人體工學的原理來設計。

椅子的高度必須與餐桌的高度相互配合。從座位面到餐桌面需保持30公分左右的距離，因此，如果餐桌的高度是71公分，那麼椅子座位面到地板間的高度則以41公分為宜；如果餐桌高度是76公分，那麼椅高則應以46公分為佳。如**圖5-1**。而座位面則應該要有50公分左右的寬度。

設計或採購椅子時應注意的事項：

1.椅邊的修飾不可以太粗糙，以免勾破女士的衣服或劃傷腿。並且以有扶手的椅子較佳。

2.椅子必須堅固耐用，而且重量不能太重，以方便搬運、堆疊及儲藏為主要考量要素。

3.座位面的材料必須透氣而且不悶熱，同時還要注意它的柔軟舒適性。

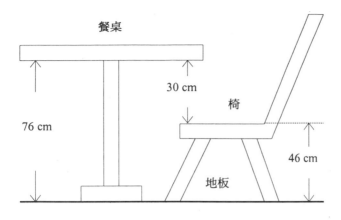

餐桌

30 cm

椅

76 cm

46 cm

地板

圖 5-1　餐桌椅之比例示意圖

二、服務的設備與器具

㈠準備檯

　　準備檯又稱為服務櫃、服務桌、服務檯或預備檯,名稱或許略有差異,但是它們指的都是同一種設備。準備檯最主要的功能是用來縮短服務人員往來餐廳與廚房的時間,及提高服務顧客的機動性。一般餐廳通常會在餐廳的適當角落設置準備檯,除了可以用來存放經常使用到的餐具及相關備品外,還可以暫時放置食物及殘盤。

　　準備檯的檯面通常會放置調味品、加水壺、保溫器、加熱器、煮好的咖啡及熱開水等,第一層通常是抽屜式的存放格,將刀、叉、湯匙等餐具及糖包、奶精等調味品分別放置在存放格內,第二層則是放置經常使用到的杯盤,最下層則是桌巾、口布等布巾的擺放處。如**圖5-2**所示。

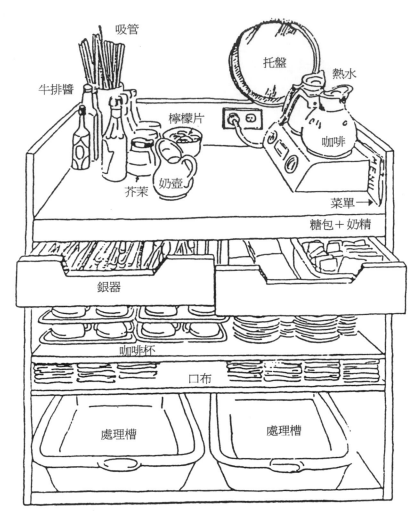

圖5-2　準備檯

㈡手推車

　　爲了提供顧客不同的服務、方便服務人員銷售物品、減輕服務人員的工作負擔及體力的耗損，餐廳會利用功能不同的手推車來協助服務人員工作，一般較常見的手推車有下列四種：

■ 現場烹調推車

　　現場烹調推車主要是爲了可以在顧客桌旁進行現場烹調食物，及展現服務人員純熟精湛的廚藝而特別設計的手推車。它主要是在手推車檯面的一邊裝置了一個可以用來烹調食物的爐台，並在另一邊擺置了烹調時所需要用到的各種調味用品及器具。而推車底下則是放置了供應爐火的瓦斯桶及裝盛食物的餐盤與餐具。如圖5-3。

■ 保溫餐車

　　保溫餐車主要是在推車上裝置了保溫設備，讓食物可以長時

圖5-3　現場烹調推車
立麥有限公司提供

間維持在一定的溫度下，等待顧客前來取用。保溫餐車最常使用的地點是在歐式自助餐廳的餐食陳列區、大型自助餐宴會或港式飲茶等餐廳。如圖5-4。

■ 展示用手推車

展示用手推車主要是爲了讓食物及酒類等餐飲食品可以明顯地在顧客面前展示，並希望藉此引起顧客食用或購買的欲望，達到銷售的目的以增加餐廳的營收。較常見的展示用手推車有酒車、點心推車、沙拉推車等。如圖5-5。

■ 餐廳服務車

餐廳服務車主要是用來搬運大量的餐食或收拾餐具時使用。餐廳服務車通常會有一個可以折疊活動的檯面，可以機動性的增加收納量，而檯面下的空間則可以擺放一至二個保溫箱。

一般飯店使用的客房服務推車就是餐廳服務車的一種，它的

圖 5-4　保溫餐車
立參有限公司提供

活動式檯面在伸展開後，可以形成一個四方桌或圓形桌，舖上桌巾後就可以成爲客房內用餐的臨時餐桌，而桌面下則是放置顧客點用的餐飲食品，極爲方便實用。

㈢各類布巾

餐廳中所使用的各種布類製品，統稱爲布巾，英文則是 linen。而我們可以根據布巾的使用功能，將它們分爲下面六類。

■ 桌巾

桌巾又可稱做「檯布」，它是舖在桌面上的第一層布巾，它的大小必須要能覆蓋住整個桌面並下垂約30公分（大約是到椅面的距離）。不過桌巾下垂的長度並沒有強制性的規定，可以稍長，但必須以不妨礙顧客進出座位爲原則。

桌巾不但具有保護桌面的功用，而且桌巾的花色與質料還能

圖 5-5　展示用手推車
立麥有限公司提供

夠與餐廳的整體色系與氣氛，做出相互輝映的搭配。除此之外，桌巾還必須具備能夠襯托出餐具的功能，因此在選購桌巾時必須詳細考慮。

■ 小桌巾

小桌巾又可稱為「頂檯布」，因為它主要是舖設在檯布的上面。它的大小只比桌面稍微大一點點，一般在選購時，是以和桌巾同色系且為素色面的小桌巾為選購時的主要考量要素。

小桌巾原本的功能是為了防止顧客在用餐時弄髒桌巾，並且可以在顧客結帳離開後，方便服務人員快速抽換，維持桌面的整潔，因此它的舖設方式應該是以覆蓋住整個桌面為舖設原則，但是近年來，許多餐廳已把小桌巾視為是另一種桌面的佈置，而將小桌巾以菱形的方式舖設在桌巾之上，讓桌面四角露出桌巾的花色。如圖5-6所示。

■ 桌裙

在餐廳內只要是不設置座位的桌子，例如自助餐檯，或是有一面沒有座位的桌子，餐廳都會用桌裙將它圍遮起來。桌裙的高

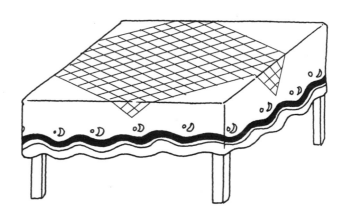

圖5-6　小桌巾的舖設方式

度大約是比桌子的高度少6公分,而長度則可以依據實際所需圍遮的範圍來決定,但是如果需要圍遮的範圍太大,一般建議是以分段式連接的方法來處理。至於桌裙的外觀,則是以百摺裙的方式縫製,力求美觀。

■ 餐巾

餐巾主要是讓顧客在用餐過程中,可以隨時用來擦拭嘴巴的布巾,因此又可以將它稱為「口布」。除了讓顧客擦拭用之外,它也有防範油漬或湯汁等沾污衣服的功能,例如當服務人員端送鐵板牛排到顧客面前時,通常在掀開蓋子之前服務人員會提醒顧客用餐巾遮擋,以免油滴噴濺到顧客的衣服上。一般時候,餐巾都是擺放在顧客的大腿膝蓋上方。

■ 服務巾

服務巾主要是餐廳服務人員在工作時使用的布巾。當服務人員在端送熱食時,可以用服務巾墊著,以避免被燙傷或弄髒衣服。另外在服務冰涼的白葡萄酒時,也必須使用服務巾先將酒瓶包裹起來,再由服務人員將酒倒入顧客的酒杯中,以避免酒瓶因為直接與手接觸,而提高酒的溫度影響飲用時的口感與風味。由於服務巾未使用時,服務人員都將它帶掛在手臂上,因此又被稱為「臂巾」。

■ 廚房用布巾

除了在餐廳中會使用到大量的布巾外,廚房則是另一個大量使用布巾的場所。舉凡廚師裝盛餐食時所使用的布巾或是擦拭杯子、銀器、碗盤、餐具時使用的布巾等都是。在廚房中每種布巾都有它特定的用途,絕對不可以混淆,才能確保各類器皿的清潔與衛生。

㈣餐具

　　一般餐廳中的餐具我們可以依據它的製造材料大致分成銀器類、陶瓷器類及玻璃器類等三種。茲分別說明於後。

■ 銀器類

　　在以前的餐廳中，所謂的「銀器」眞的是純銀或是鍍銀製成的器具，但由於銀器的價格昂貴而且在清潔及保存上的步驟甚爲繁瑣，因此在工業發展進步後，逐漸被不鏽鋼的金屬製品所取代。不鏽鋼金屬製品不但在價格上比銀製品低廉，同時在清潔及保存上也相當的簡單方便，再加上它的質感與銀器頗爲相似，因此，已成爲目前餐具的主要製造原料。不過消費者仍然可以在少數較高級的餐廳中，使用到眞正的銀器。

　　銀器類餐具依據它的形狀及功能又可分爲扁平類餐具、切割類餐具及中凹類餐具等三小類。

　　1.扁平類餐具：扁平類餐具主要是指叉類與匙類的餐具而言。如圖5-7所示。

　　　・叉類：顧客所使用到的叉類餐具包括了點心叉、主菜叉、魚叉、蝸牛叉（田螺叉）、龍蝦叉、生蠔叉、糕點叉、水果叉等。服務人員所使用的叉類餐具則有：服務叉、烤肉叉等。

　　　・匙類：顧客所使用到的匙類餐具包括了點心匙、湯匙、茶匙、咖啡匙、葡萄柚匙、冰淇淋匙、聖代匙、乳酪匙等。服務人員所使用的匙類餐具則有：服務匙、湯杓、蛋糕剷子等。

　　2.切割類餐具：顧客所使用到的切割類餐具主要是指各類餐

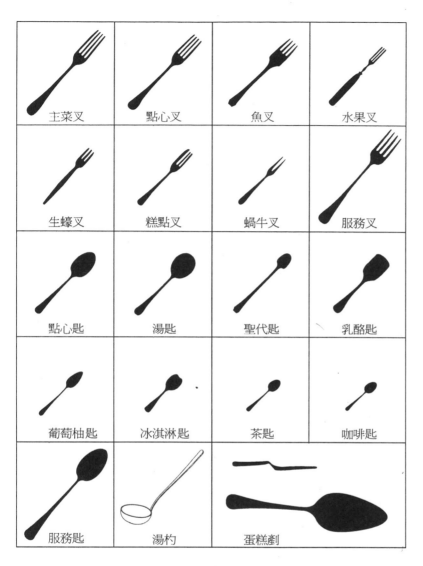

主菜叉	點心叉	魚叉	水果叉
生蠔叉	糕點叉	蝸牛叉	服務叉
點心匙	湯匙	聖代匙	乳酪匙
葡萄柚匙	冰淇淋匙	茶匙	咖啡匙
服務匙	湯杓	蛋糕劃	

圖5-7　扁平類餐具

刀而言，包括了大餐刀、點心刀、魚刀、奶油刀、乳酪刀、魚子醬刀等。除此之外，蝸牛夾（田螺夾）及龍蝦鉗也屬於切割類餐具的一種。服務人員所使用的切割類餐具則有：切割刀、麵包刀、堅果鉗、葡萄剪等。如圖5-8。

3.中凹餐具：任何不屬於扁平及切割類餐具的銀製或金屬製餐具，都屬於中凹餐具，例如茶壺、咖啡壺、銀湯盤、銀菜盤、保溫鍋、冰桶等，都是中凹餐具的一種。

■ 陶瓷器類

陶瓷器類餐具在餐廳中扮演著裝盛食物的角色。依據它們的外觀形狀可再區分成盤碟類、杯類及其他等三個類別，而其中前

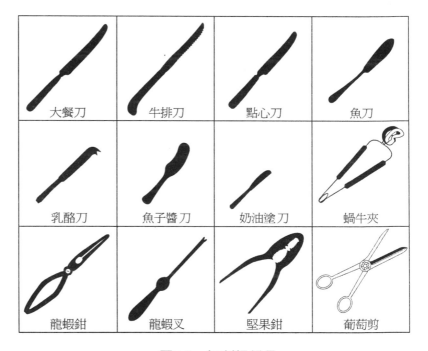

圖5-8　切割類餐具

二種類別是屬於使用量較大而且更換較頻繁的陶瓷器類餐具。

1. 盤碟類：包括了穀物盤、奶油麵包盤、沙拉盤、點心盤、湯盤、主菜盤、墊盤等。而一般餐廳中較常使用的盤碟規格及其主要用途如**表5-2**所示。

2. 杯類：主要有湯杯及咖啡杯二種。湯杯的形狀跟杯子類似，但是它有一對杯耳，一般容量大約是300cc左右。而咖啡杯則是只有一個杯耳，通常還可以分成大咖啡杯與小咖啡杯二種。大咖啡杯的容量約為150cc，而小咖啡杯的容量則只有75cc。

3. 其他：除了盤碟類及杯類之外的陶瓷器類餐具還有茶壺、

表 5-2　各類盤碟一覽表

	盤碟名稱	盤碟直徑		類別	主要用途
		吋	公分		
1	奶油麵包碟	6～7	15～18	淺碟	供應奶油及麵包時所使用的盤碟
2	點心盤	8	約20	淺碟	供應點心或甜點時所使用的盤碟
3	主菜盤	9～10	22～25	淺碟	供應魚類或肉類等主餐時所使用的盤碟
4	沙拉盤	7	約18	深盤	裝盛沙拉時所使用的盤碟
5	湯盤	9	約22	深盤	供應濃湯或湯汁較多的菜餚時所使用的盤碟
6	穀物盤	5～6	13～15	深盤	早餐供應穀物及牛奶時所使用的盤碟
7	墊盤	5	13	淺碟	指咖啡杯下所墊用的小淺碟

奶盅、糖盅、沙拉盅、鹽及胡椒等調味瓶、日式餐盤、清酒瓶及杯等。其中有些用具並不一定是陶瓷類製品，也有玻璃製作的，例如茶壺、鹽及胡椒等調味瓶。

■ 玻璃器類

餐廳中的玻璃器類餐具，通常是服務飲料時使用。而飲料用玻璃杯的主要形狀有二種：圓筒形平底杯及高腳杯，其中，高腳杯主要是在服務酒類飲料時使用。而在服務各種酒類時，服務人員對各種酒類所應搭配的不同類型酒杯必須要具備基本的認識與了解，才能成為稱職的服務人員。由於同一種酒所適用的酒杯，通常會因製造廠商的不同而在材質及刻花上有所差異，不過酒杯的基本形狀卻是不變的。**圖5-9**是餐廳中各類酒所使用而且也是較常見的酒杯類型。**表5-3**則是各種酒杯容量的大致規格。

除此之外，餐廳中所用的水杯及冰淇淋杯也都是玻璃製品。其中水杯並沒有一定的形狀規定，任何杯子都可以拿來當水杯用，只要餐廳內自行統一就可以了。

表 5-3　各類酒杯容量一覽表

酒杯名稱	容量	酒杯名稱	容量
紅 酒 杯	9～12 oz	白蘭地杯	5～12 oz
白 酒 杯	7～9 oz	老式酒杯	約 5 oz
香 檳 杯	約 6 oz	烈 酒 杯	約 2 oz
酸 酒 杯	3～4 oz	啤 酒 杯	約 12 oz
雪 酒 杯	約 3 oz	雞尾酒杯	3～4 oz
馬丁尼杯	約 3 oz		

圖5-9　常見的酒杯類型

紅酒杯	白酒杯	香檳杯	淺型香檳杯
雪莉杯	馬丁尼杯	白蘭地杯	老式酒杯
烈酒杯	生啤酒杯	一般啤酒杯	淡啤酒杯
雞尾酒杯	甜酒杯	酸酒杯	高杯
可林杯	過酒瓶		

第二節　廚房的設備

　　廚房對餐廳而言是一個很重要的地方,它兼具了「生產」與「清潔」二種功能。生產功能指的是廚房必須負責製作出顧客所點選的餐食;而清潔功能則是指餐廳內各項器具及餐具都是在廚房中完成清潔的工作。因此我們可以說「沒有廚房就沒有餐廳的存在」。正因為廚房具有生產與清潔二種功能,因此,廚房設備中除了在餐食製作過程中所必須使用到的相關設備器具之外,還包括了清潔設備在內。由於使用方便的現代化廚房設備,不但可以確保食物的品質及較精確地控制食物成本,同時還可以減輕工作人員的工作量,並且使工作更有效率,因此,本節將以作業用具設備、調理設備、烹飪設備及清潔設備等四項,分別介紹在廚房中較常見到的各種設備,讓讀者對廚房中的設備有一個基本的認識。

一、作業用具設備

　　廚房中的作業用具設備又可分成可移動及不可移動二種。

㈠可移動的作業用具設備

　　包括了搬運用工作車、活動式存放車、配餐台車等。如圖5-10。

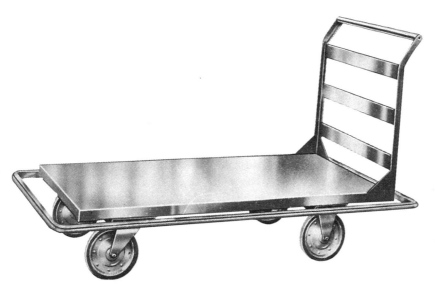

⇧搬運用工作車

⇧活動式存放車　　　　　⇧配餐台車

圖 5-10　可移動之作業用具設備圖

立參有限公司提供

㈡不可移動的作業用具設備

　　包括了不鏽鋼水槽、不鏽鋼工作檯、不鏽鋼櫥櫃、不鏽鋼存放架等。如**圖**5-1 1。

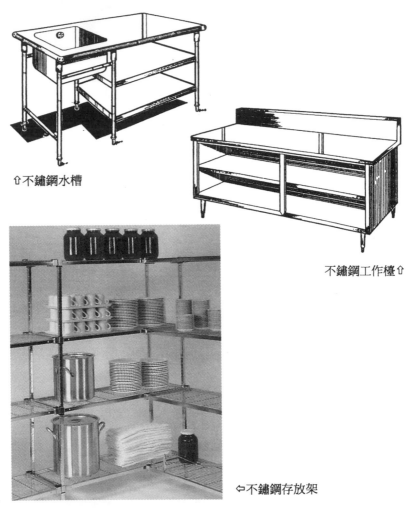

⇧不鏽鋼水槽

不鏽鋼工作檯⇧

⇦不鏽鋼存放架

圖 5-11　不可移動之作業用具設備圖

立參有限公司提供

二、調理設備

　　主要是指食物在加熱烹飪前，在進行各種處理手續過程時所使用到的器具而言。這些器具不但能節省人力，同時還可以控制切割形狀的大小，減少切割時的浪費與損失。一般較常見的調理器具有細切機、切片機、切割機、切菜機、絞肉機及攪拌機等。如圖5-12。

三、烹飪設備

　　主要是指可以讓食物原料從生食轉變成熟食的各式烹飪設備。這些設備器具大部分都是由廚師掌控，在經過廚師的調味料理後就成為一道道美味可口的佳餚。廚房中常見的烹飪設備有西餐爐（附烤箱）、煎板爐、碳烤爐、中式瓦斯爐、中式快速爐、微波爐、蒸烤箱、油炸機、蒸氣迴轉鍋、萬用傾斜鍋、瓦斯煮飯鍋及電氣煮飯鍋等。如圖5-13。

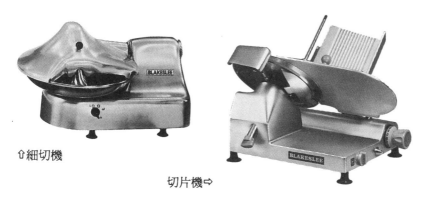

⇧細切機

切片機⇨

圖 5-12　調理設備圖

立參有限公司提供

①鋸骨機
②切菜機
③攪拌機
④絞肉機

①	②
③	④

（續）圖 5-12　調理設備圖

立麥有限公司提供

⇧西餐爐　　　　　熱板爐⇨

⇧碳烤爐　　　　　微波爐⇨

⇧蒸烤箱

圖 5-13　烹飪設備圖

立參有限公司提供

⇧煎板爐

⇧蒸氣迴轉鍋

⇧油炸機

⇧傾斜鍋

（續）圖 5-13　烹飪設備圖
立參有限公司提供

四、清潔設備

　　清潔設備中最容易讓人直接聯想到的機具，就是清洗各類餐具的洗碗機設備。但是除了洗碗機之外，例如洗菜機（**圖5-14**）、吸塵吸水等機具也是屬於清潔設備的一種。

　　廚房的洗碗設備可分成人工清洗設備及機器清洗設備二種。

㈠人工清洗設備

　　採用人工清洗的廚房應至少要設置三個連續式的水槽，才可以完成清洗的工作。而人工清洗則可以分成五個清洗步驟。如圖5-15。

■ 去除殘渣

　　將杯碗盤碟中的殘餘物去除，並用溫水噴濕，以防止沾黏不易去除的食物變硬，造成清洗上的不便，同時也可以節省清潔劑的使用。

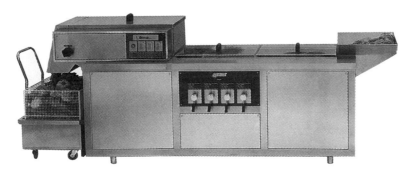

圖 5-14　洗菜機

立參有限公司提供

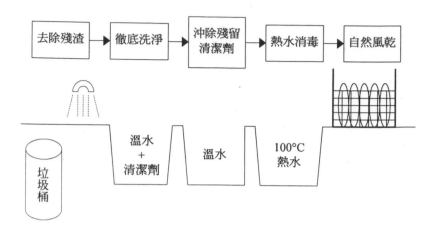

圖 5-15　人工清洗步驟流程圖

■ 徹底洗淨

在第一個水槽中，注滿溫水並加入適量的清潔劑，再利用包刷、菜瓜布等工具，將所有的餐具徹底的刷洗乾淨，即使是沾黏不易掉落的髒物也要徹底刮除。

■ 沖除殘留清潔劑

第二個水槽中則只要注滿溫水就可以了。清潔人員將在第一個水槽中清洗乾淨的餐具，直接先浸放在水槽中，之後再以乾淨的溫水沖洗，將殘留的清潔劑沖除。

■ 熱水消毒

第三個水槽中則是必須注滿100°C的熱水。清潔人員在完成沖除步驟後，會先將餐具放進餐具籃中，再連同餐具籃一起放入第三個水槽中，進行消毒的程序。餐具在熱水中至少需要浸泡二分鐘以上，才能達到消毒的效果。如果無法取得熱水時，也可以在水中加入適量的化學衛生藥劑來代替熱水進行消毒，但是經過藥劑消毒後必須再以清水沖洗一次，將藥劑的味道沖除。

■ 自然風乾

完成消毒步驟後，將餐具籃取出，當水流出滴乾後，則放在乾淨的地方讓餐具自然風乾即可。千萬不可以再用布巾擦拭餐具，以免造成二次污染。

㈡機器式洗碗設備

主要是指可以清洗各類餐具的洗碗機而言。由於餐廳的餐具使用量大，再加上餐具的清潔與否也會影響到餐飲的衛生，因此一般餐廳會依據顧客人數的多寡及廚房可利用的空間面積，購置符合餐廳需求的洗碗機設備。使用洗碗機不但可以減少人為接觸的污染，確保餐具的清潔，還可以節省人力，對餐廳而言是非常具有經濟效益的。

目前廚房中較常見到洗碗機設備有掀門式洗碗機及輸送帶式洗碗機二種，其中輸送帶式洗碗設備有較大型機種的規格，可以供大型餐廳及航空公司空廚等廚房使用。而不論是哪一種洗碗機都具備了基本的洗淨、沖洗及消毒等三項功能。

■ 掀門式洗碗機

這類型洗碗機一般都是單糟設計，因此較不占空間，而且價格也比較經濟實惠。操作時清潔人員必須先將餐具的殘渣去除，再將餐具放在指定的籃架內並擺放整齊，之後，則是將洗碗機的門掀開，把籃架放入後關上門即可按鈕開始進行清洗的動作。清洗完畢後，再由清潔人員掀開門取出籃架，放置一旁，讓餐具風乾備用。如**圖**5-16。

■ 輸送帶式洗碗機

這類型洗碗機主要是多加了輸送帶的裝置，當清潔人員將餐具殘渣去除後，只要把餐具放在輸送帶上的格架中，機器就會自

圖 5-16　掀門式洗碗機

立麥有限公司提供

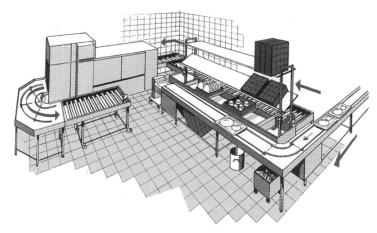

圖 5-17　輸送帶式洗碗機

立麥有限公司提供

動把待洗的餐具送進清洗槽內，進行清潔的工作，清洗完畢後則由另一端送出，如圖5-17。輸送帶式洗碗機除了單槽規格外，還有雙槽以上的規格設計，而雙槽以上的洗碗機，則會加設餐具烘乾的功能。

第三節　廚房的刀具與鍋具

　　刀具主要是用來切割及處理各種食物,而鍋具則是烹飪時不可或缺的容器,因此,刀具與鍋具可以說是廚房中用來料理食物的重要廚具。由於刀具與鍋具的種類繁多,而且製造時所使用的材質也有差異,使得同樣形狀與功用的刀具或鍋具,在使用壽命與所能發揮的效能上也有所不同。本節將針對刀具與鍋具的製造材料與種類加以介紹,讓讀者能對廚房中所使用的刀具與鍋具有所認識。

一、刀具

㈠刀具的製造材質

　　刀具的製造材質會影響刀具的功能,好的材質所製造的刀具可以讓使用者在使用時有省力及順手的感覺,反之則會讓使用者在使用時有不方便的感覺,同時在使用時也會比較費力。目前用來製造刀具的材質有碳鋼、不鏽鋼及高碳不鏽鋼等三種,而這些材質在硬度、刀具銳利度、抗氧化性及耐腐蝕性等四項評比上,也各具優缺點,其中,高碳不鏽鋼材質所製造的刀具在這四項評比中均得到正面的評價,如**表5-4**。目前碳鋼製的刀具已不多見,而高碳不鏽鋼刀具則是目前市場中造價比較昂貴的刀具。

表 5-4　刀具材質評比結果一覽表

	硬度	刀具銳利度	抗氧化性	耐腐蝕性
碳　　　鋼	○	×	×	○
不　鏽　鋼	×	○	○	×
高碳不鏽鋼	○	○	○	○

㈡刀具的種類

刀具的種類大致有下列十二種。如圖5-18所示。

1. 廚師刀：廚師刀的刀身是西餐廚房刀具中刀身最寬的刀子，也是用途最廣的刀子，不論是用來剁肉、切塊或切片，都可以用這把刀來完成工作。

2. 牛肉刀：牛肉刀的刀身比廚師刀窄一點，但刀身的長度卻比廚師刀長，專門用來處理牛肉、豬肉等肉類。

3. 魚肉刀：魚肉刀刀身又比牛肉刀窄一點，專門用來處理各種魚類。

4. 小刀：小刀的刀身是所有廚房刀具中刀身最短的刀子，主要用來修飾食物邊緣或作為蔬菜及水果削皮時使用，因此又被稱為削皮刀。

5. 去骨刀：去骨刀的刀身尖而薄，但在刀面上卻可分為二種，一種是刀面較硬的去骨刀，主要是用來剔除家畜及家禽類的骨頭。另一種則是刀面較有彈性，專門用來剔除魚類骨頭。

6. 剝皮刀：剝皮刀是一種專門用來削蔬菜及水果皮的刀子。外形與一般的刀具不同，在刀身中有溝口，主要是利用溝

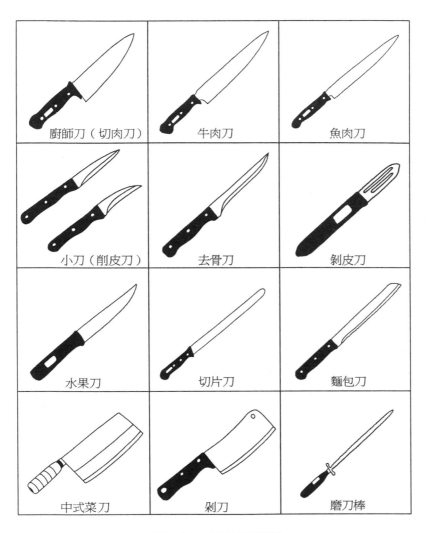

圖5-18　刀具的種類

口中的銳利面來削皮。

7. 水果刀：水果刀的刀身與握柄同寬，刀身長而尖，主要是用來處理各類的水果。

8. 切片刀：切片刀的刀身細長且有彈性，可以將肉類、火腿等食物切成薄片。

9. 麵包刀：麵包刀的刀身呈鋸齒狀，因此又被稱為鋸齒刀，專門用來切割麵包及蛋糕等食物。

10. 中式菜刀：中式菜刀是中餐廚房中最常見也是用途最廣的刀具。刀身寬且呈長方形，不論是切肉或切菜都可以使用。

11. 剁刀：剁刀的形狀與中式菜刀相似，但刀身再稍微寬一點，而且在厚度及重量上也都比中式菜刀來得厚重，主要是用來剁骨頭或剁碎肉類。

12. 磨刀棒：又可稱為「操刀」，它並不是真正的刀子，而是專門用來磨利廚房中各式刀具，是廚房刀具中不可或缺的工具。

二、鍋具

㈠鍋具的製造材料

一套好的鍋具不但可以避免食物在烹調的過程中燒焦或變味，更可以達到節省能源成本的目的。而鍋具的好壞主要是受到製造材料及鍋具本身厚薄度的影響。厚度比較厚的鍋具，導熱時會比較平均而且穩定，尤其是鍋底厚度的影響最為明顯，因此在選購時要特別注意鍋具的鍋底是否夠厚實。而鍋具的製造材料，

一般較常見的有鋁、銅合金、不鏽鋼、鑄鐵、玻璃及陶等六種材料，而我們分別以材質的硬度、導熱性、抗氧化性、抗酸性及不易破裂性等五項做評比，如**表5-5**。我們可以發現，各種材質的特性差異很大，各具優缺點，因此在選購時應該根據實際使用的需要來挑選鍋具的材質，才能達到事半功倍的效果。而目前廚房中是以鋁、鑄鐵及不鏽鋼等三種材質的鍋具占有比率較高。

㈡鍋具的種類

鍋具的種類大致有下列十六種。如**圖5-19**所示。

■ 湯鍋

湯鍋是廚房鍋具中最大的一種鍋子，鍋上有雙耳方便提拿，鍋子的深度約在7吋（inch）至20吋之間，呈圓桶狀，可以用來準備大量的湯頭、麵食或需要長時間熬煮的醬料。容量從6夸爾（quart）至104夸爾都有。

■ 沙司鍋

沙司鍋的形狀跟湯鍋相似，只是深度比湯鍋淺，深度約在6吋至12吋之間。容量則是在6夸爾至67夸爾之間。由於沙司鍋可以方

表 5-5 鍋具材質評比結果一覽表

	硬度	良熱導體	抗氧化性	抗酸性	不易破裂性
鋁	×	○	×	×	○
銅合金	○	○	×	×	○
不鏽鋼	○	×	○	○	○
鑄　鐵	○	○	×	○	×
玻　璃	×	×	○	○	×
陶	×	×	○	○	×

圖5-19　鍋具的種類

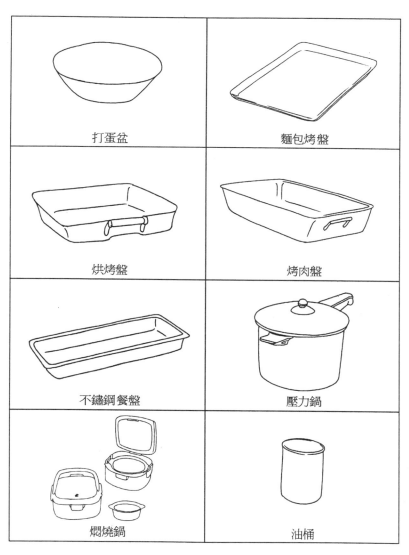

打蛋盆	麵包烤盤
烘烤盤	烤肉盤
不鏽鋼餐盤	壓力鍋
燜燒鍋	油桶

（續）圖5-19　鍋具的種類

便廚師攪拌調味，因此可以用來調煮各類湯汁或醬料。

■ **手把沙司鍋**

　　容量比沙司鍋小，沒有可提拿的雙耳，但卻有一個延伸的手把，可以方便廚師在烹飪時握緊並固定鍋子。容量從1.5夸爾至12夸爾，深度則是在3吋至7吋之間。

■ **燴鍋**

　　燴鍋主要是廚師用來烹飪較多汁的食物，或是在烹調過程中需要加入水並在爐灶上慢慢的煮上一段時間時所用的鍋具。鍋子的深度約在4吋至6吋之間，容量則是從12夸爾至33夸爾。

■ **炒鍋**

　　炒鍋主要是用來烹調需要高溫快炒或低溫慢煮的食物，例如需要煎、炒、燴的食物。炒鍋的形狀跟手把沙司鍋很像，但是重量比手把沙司鍋重，深度約在3.5吋至4吋之間，而容量則是從3夸爾至8.5夸爾。

■ **中華炒鍋**

　　中餐廚房中最常見的鍋具，一般的中餐廳廚師不論煎、煮、炒、燴，都是使用中華炒鍋來料理食物。中華炒鍋的特徵是鍋底呈大弧度的圓弧形，而一般西餐所使用的鍋具多是平底造形，即使有弧度，也只是在鍋底邊緣呈現小弧度的傾斜彎曲而已。

■ **平底鍋**

　　平底鍋的鍋底邊緣呈小弧度的傾斜彎曲，主要是用來煎片狀的肉類及蛋等食物。而鍋子底部傾斜彎曲的設計則是為了讓廚師可以直接利用鍋子將食物翻面，同時也可以讓鍋鏟很方便的將食物從鍋中取出。

■ 雙層鍋

　　雙層鍋分上下二個鍋子，而且二個鍋子必須要可以互相疊放在一起。下層的鍋子主要是用來裝煮熱水，上層的鍋子才放置食物，然後利用隔水加熱的方法來烹煮食物。一般來說，需要使用雙層鍋來烹煮的食物，大多是對熱度相當敏銳的食物，也就是說，只要熱度稍微過熱，食物很可能就會燒焦，例如巧克力、高級醬料等。

■ 打蛋盆

　　打蛋盆的盆底為圓球狀，盆的表面平滑，主要是用來攪拌、混合或打發食物原料。例如攪拌美乃滋、將麵粉與水混合、打蛋、打鮮奶油等。

■ 麵包烤盤

　　麵包烤盤是一種長方形淺底的盤子，烤盤高約1吋，主要是用來烘焙麵包、小西點時使用，有時候也可以用來烤魚肉類。

■ 烘烤盤

　　烘烤盤的形狀與麵包烤盤相似，但盤子的高度約為2吋，比麵包烤盤高一點，而且烤盤的兩側有活動式的雙耳，方便拿取。主要是用來烘烤土司、蛋糕等食物。

■ 烤肉盤

　　烤肉盤是所有烤盤中深度最深而且重量也是最重的盤子，形狀也是長方形，可以用來烤大塊牛肉、羊肉、全雞、全鴨等食物。

■ 供餐盤

　　是一種形狀與麵包烤盤相似的托盤，盤子的高度約2.5吋，可以用來放置餐食或作為烤盤、蒸盤使用。

■ 壓力鍋

　　壓力鍋主要是將鍋子加熱，讓鍋內產生高壓，使不容易煮熟

的食物能很快地熟透，例如馬鈴薯、紅豆等食物。使用壓力鍋時一定要小心，當鍋中的水開始沸騰時，蒸氣會由鍋蓋上的特別裝置散出，在烹煮適當時間後才將鍋子移離爐灶，但是必須等鍋子的溫度下降後才可以打開鍋蓋，否則會被沖出的蒸氣燙傷。此外，鍋子也不可在爐灶上空煮，否則會發生氣爆。

■ 燜燒鍋

燜燒鍋主要分內鍋與外鍋兩部分，將食物放在內鍋中，直接放在爐灶上加熱，當內鍋中的水開始沸騰後，馬上放進外鍋內，並將鍋蓋蓋好，充分利用餘熱將食物燜熟。燜燒鍋不但可以節省能源的消耗，也可以讓不易煮熟的食物以燜燒的方式燜熟。燜燒鍋烹煮所需要的時間比壓力鍋長，但它的安全性卻比壓力鍋高。

■ 油桶

油桶是一種沒有任何把柄或提耳的圓柱形容器。一般餐廳的廚房中，由於各種食用油及調味用品的用量很大，因此大多以油桶分別裝盛放在爐灶旁，供廚師使用。

第四節　冷凍與冷藏設施

冷凍與冷藏設施是餐廳廚房中不可缺少的設備，它不但可以讓食物避免因為暴露在空氣及室溫中所導致食物的變質與腐敗，還可以降低食物成本的損失，更可以確保食物的新鮮度，由此可知冷凍與冷藏設施對餐廳及廚房的重要性。除此之外，近年來各式冷凍食品不斷地推陳出新，不但受到一般消費大眾的喜愛，就連餐廳的接受度也頗高，由於冷凍食品最主要是將已經切割並製作完成的成品或半成品，在經過急速冷凍的步驟後分裝出售，食

用者通常僅須進行最後的加熱步驟，就可以完成並立即享用一道菜餚，對忙碌的現代人而言，是一種頗為方便可口的熱食，對餐廳而言，冷凍食品還具有其他的優點：

1. 可以節省廚房的人力成本。
2. 減少生鮮食品損壞的機率，降低食物成本的支出。
3. 可以精確地控制餐食的分量。
4. 可以增加餐廳的供餐項目。
5. 可以快速地供應顧客餐食，避免顧客久候。

因為這些優點，使得許多提供簡餐的餐廳，大多都會使用冷凍食品，而這個時候，就又凸顯出冷凍冷藏設施的重要性了。本節將介紹一般廚房中較常見的冷凍冷藏設施，並對設備的基本使用常識與維護做說明。

一、冷凍冷藏設施的種類

一般廚房中常見的冷凍冷藏施設施有下列六種。如圖5-20。

㈠冷凍冷藏倉庫

冷凍冷藏倉庫是最大型的冷凍冷藏設施，它的大小可以依據所需要的儲藏量來做不同的設計，而冷凍冷藏倉庫的溫度則是由倉庫板的厚度來決定，一般來說，6公分厚的庫板，冷凍冷藏溫度約在+5°C至+10°C之間；11公分厚的庫板則是0°C至-30°C；而15公分厚庫板的溫度則在-30°C以下，由此可知，不但是倉庫的大小可以依據不同的需要做設計，就連冷凍冷藏的溫度也可以依據食物實際儲存所需要的溫度做設計。

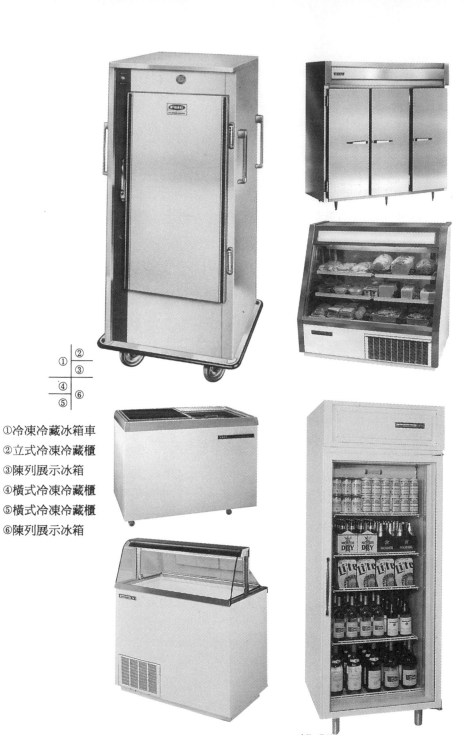

①冷凍冷藏冰箱車
②立式冷凍冷藏櫃
③陳列展示冰箱
④橫式冷凍冷藏櫃
⑤橫式冷凍冷藏櫃
⑥陳列展示冰箱

圖 5-20　各式冷凍冷藏設備圖
立麥有限公司提供

較小型的冷凍冷藏倉庫，是可以讓工作人員直接進出搬運貨品，而最大型的冷凍冷藏倉庫則是可以讓車輛直接開進倉庫內卸貨，二者在使用上都非常的方便。由於冷凍冷藏倉庫的容量大，業者還可以利用大宗採購物來壓低進貨成本，減少運費，因此深受飯店餐廳、超級市場、肉類供應商等業者的喜愛與採用。

㈡冷凍冷藏冰箱車

冷凍冷藏冰箱車除了在底部有輪子的設計，方便工作人員搬運外，更能在電源關閉後發揮優異的保溫效果，以確保食物的新鮮。而其主要儲存的物品通常是在運送途中必須冷藏的食物原料、冷凍的半成品或成品等食物。

㈢雙面傳遞式冷藏櫃

雙面傳遞式冷藏櫃主要是採雙面門設計，在廚房製備完成而需要加以冷藏的食品，例如沙拉、果凍等，可以由廚房這邊的門放入冷藏櫃中，而由服務人員從另一面的門將食物取出供應給顧客，不但可以節省服務人員往返廚房的時間，更可以提供顧客快速方便的服務，除此之外，冷藏櫃還具有隔間的效果。

㈣立式冷凍冷藏櫃

立式冷凍冷藏櫃是廚房中最常見的冷凍冷藏設施，由於它的高度比一般人的平均身高還要高，因此稱為立式冷凍冷藏櫃，最常見的有單門、雙門、四門及六門等不同的設計，冷藏櫃通常是以不鏽鋼或鋁合金等金屬製成。在存取物品時，則只能以手伸入拿取。

㈤橫式冷凍冷藏櫃

一般來說，橫式冷凍冷藏櫃的高度大多只到人的腰際，存放物品的開口在上方，門的設計則是以向上拉啓或左右推開爲主，而存取物品時，也只能以手伸入拿取。餐廳中常見的冰淇淋櫃就是橫式冷凍冷藏櫃的一種。

㈥陳列展示冰箱

陳列式冰箱除了具有冷凍或冷藏物品的功能外，還能夠讓顧客清楚地的看到所販賣的產品。陳列展示冰箱的型式有立式與橫式兩種。立式一般多是用來展示各類的飲料，其中有些立式陳列展示冰箱也具有雙面傳遞式冷藏櫃的功能，可以從背面補充物品，再由正面取出，同時也具有隔間的效果。而橫式則以展示糕點、冷盤食物爲主。

除此之外，我們也可從陳列展示冰箱是否具備「門」的設計，區分成開放式與密閉式兩種。密閉式的陳列展示冰箱就是指有門的冰箱，而門通常是以透明可見的玻璃爲主要的製造材料，以密閉的設計防止冰箱中的冷氣外洩。而開放式的陳列展示冰箱則是以強力的空氣簾作爲阻隔冷氣外流的屏障，一般生鮮超市中的蔬果魚肉展示櫃，就屬於開放式陳列展示冰箱的一種。

二、冷凍冷藏設備的使用常識與維護要點

㈠使用常識

冷凍冷藏設備的使用常識如下：

1.冷凍冷藏設備不可以緊靠牆壁擺置，必須和牆壁保持至少15公分的距離，才能達到幫助冰箱散熱的效果。

2.冷凍冷藏設備擺置的位置應儘量遠離濕熱的地區。

3.由於冷凍冷藏設備是二十四小時不停運轉的機器，因此必須要有專屬的電源插座及地線的裝置，以避免插座超過負荷燒燬或漏電。

4.冷凍冷藏設備的擺置可稍微向後傾，讓門能自動關閉。

5.存取物品時的動作要快，以免因為大量的熱空氣流入，影響食物品質及冷凍、冷藏的效果。

6.減少門的開啟次數，可降低壓縮機的運轉，達到節省能源的目的。

7.過熱過濕的食物，應該等它們冷卻後或擦拭乾後再放入冷凍冷藏設備中。

8.各類物品應該分類包裝好後才放入冷凍冷藏設備中，以避免互相影響產生異味或發生食物脫水的現象。

9.臨時停電時，為保持冷凍冷藏設備中的溫度，應該減少門的開啟次數。如果是預先知道停電時間，則應該在停電前把冷凍冷藏設備的溫度調至最強冷的位置。

(二)維護要點

冷凍冷藏設備的維護要點如下：

1.冷凍冷藏設備應該定期清洗。

2.清洗冷凍冷藏設備時，應先除霜，並在清洗前將物品移出。

3.清洗冷凍冷藏設備時，不可以直接用水沖洗，而是應該以

擦拭的方法來清洗，以免發生設備短路的現象。

4. 冷凍冷藏設備的內部只能以清水擦拭，真的有難以去除的污垢時，才能以稀釋過的中性清潔劑擦拭，擦拭後則必須再以清水擦拭乾淨。

5. 冷凍冷藏設備的外部，可以用中性清潔劑擦拭，再用清水擦拭乾淨。

6. 冷凍冷藏設備的排水管應注意保持暢通，以避免設備內的水溢出來。

7. 冷凍冷藏設備的除臭，除了時常換氣外，也可以使用除臭劑或殺菌燈等輔助用品來除臭。

第六章　餐飲服務的基本概念

服務的概念
餐飲服務業的特性
餐飲服務人員應具備的條件
餐飲服務須知
服務人員與顧客的關係
同事間的關係
緊急事件的處理
顧客抱怨的處理

餐飲業主要提供的產品有二，一是有形的食物與飲料等產品；另一則是無形的「服務」。然而不論是有形的產品或無形的服務，對顧客而言二者都很重要。精緻可口的餐飲是吸引顧客首次前往消費的主要原因，而服務品質的良窳則會影響顧客再次前往消費的意願。因此，餐飲與服務二者是相輔相成的，對餐廳經營者來說，餐廳經營的成敗，就完全看經營者能否同時完善兼顧這兩部分。

我們不可否認的，高品質的服務不但能提高餐廳的形象與聲譽，更能增加餐廳的營收，因此，餐廳在招募員工時，除了必須謹慎遴選新進人員以維持員工的素質外，職前的服務訓練以及在職的技術訓練，都可以提升餐廳的服務品質。而餐廳服務人員在從事餐飲服務工作時所必須具備的基本概念則是本章節的主要內容。

第一節　服務的概念

「以客為尊」、「顧客至上」一直都是餐飲等服務業自始至終所秉持的基本理念。對餐飲業來說，顧客是餐廳永續經營的支柱，如何讓顧客能夠有賓至如歸的感覺，並在舒適愉快的心情下用餐，完全要視餐廳的服務品質而定。因此，我們必須先了解什麼是服務？而服務的意義及目的又為何？

一、服務的意義及目的

一般來說，同類型的餐廳所提供的餐飲種類不論是在食物外

觀或是口味上都很類似，如果不是經常前往用餐的顧客是沒有辦法很明確地加以區別的，但是各餐廳所提供的服務，卻能讓顧客留下深刻的印象，而達到區別的效果，並提高餐廳的競爭力。但什麼是「服務」呢？我們可從顧客及餐廳兩個不同的角度來說明。

1. 對顧客而言：服務是顧客在消費過程中所感受到的一切行為與反應，可以說是一種經驗的感受，也可以說是餐廳整體及服務人員的表現。
2. 對餐廳而言：服務是員工的工作表現。也是餐廳所提供的產品，而這個產品具有消費及生產同時發生的特性，而且不可儲存。

良好的服務，應該是要能讓顧客覺得溫暖窩心及有被了解的感覺，就好像在家裡一般，可以得到最好的照顧，並因此達到讓顧客渴望再次光臨的目的。因此，現在的餐廳不只是重視餐飲的品質、價格的競爭優勢、用餐環境的氣氛及促銷的策略，也開始注重顧客真正內心的感受與需求，並體認到服務對餐廳的重要性。

二、服務的種類

一般而言，我們可以將服務依據它與顧客接觸的方式分為機器式服務、間接式服務及面對面服務等三類。茲說明如下。

㈠機器式服務

主要是指利用機器來服務顧客。例如自動販賣機或旅館中利用電話系統執行晨喚顧客的服務等。這類型的服務方式顧客完全

不會與服務人員有所接觸。

㈡間接式服務

　　主要是指服務人員透過電話對顧客提供服務。例如顧客透過電話向餐廳訂餐、訂宴會等。通常餐飲業對這類服務人員會施予電話禮儀及談話語氣態度等訓練，並對問題設有完整的制式答案，希望能提供顧客最完善的服務與滿意的答案。

㈢面對面服務

　　主要是指服務人員與顧客直接面對面的接觸。餐飲業多是屬於這類服務。由於服務人員的言行舉止、服務態度及服務技術等都完全展現在顧客的面前，所以對顧客所產生的影響最大，因此，餐廳對這類服務人員的要求也特別地嚴謹與重視。

第二節　餐飲服務業的特性

　　由於餐飲服務業是一種需要與消費者做密集性接觸的行業，因此，它與一般行業有很多不同的地方，再加上產品的特色，就成為餐飲服務業的產業特性。

一、產品上的特性

㈠產品量身製作

　　餐廳所銷售的菜餚，可以依據不同消費顧客的需求而個別製

作。與一般產品依據統一規格標準而進行大量生產製作的方式有
所差別。

(二)產品容易損壞

餐飲業所生產的產品,是直接由食物原料製作而成。生鮮的
食物原料無法長久保存,而煮熟的食物保存期限更短。因此,很
容易造成產品的損壞,增加成本的支出。

(三)服務難以標準化

餐廳除了提供有形的餐飲產品外,也提供無形的「服務」產
品。由於服務會因為「人」的不同而產生差異,因此很難將服務
加以標準化。目前許多餐廳針對服務的流程及標準都會嚴加規
定,並對服務人員施予訓練及獎勵以確保服務的品質,降低顧客
抱怨的情形。然而服務人員自我情緒的控制仍然是服務標準化難
以克服的障礙。

(四)產銷同一時地進行

餐廳的餐食產品從原料、烹調生產到銷售,都是在同一地點
進行完成。而它所提供的「服務」,更是在服務顧客的同時進行生
產與消費,一旦服務完成便不復存在,唯一留下的只有顧客對該
服務的滿意度。因此,餐廳具有生產與銷售在同一時地進行的特
性。

(五)產品不可儲存

一般消費性的產品,可將產品預先生產並儲存起來以因應消
費者的需求。然而餐飲業所生產的產品,由於沒有辦法預估銷售

量而且產品又容易損壞，因此無法預先生產儲存。餐廳所提供的
「服務」，更是在服務顧客的瞬間同時完成生產與消費。因此，不
論是有形的產品或無形的服務，都是無法加以儲存的。

㈥產品不可觸知

　　一般產品的購買，例如電視等家電用品，都可以在購買前進
行詳細的檢試，以確保產品的品質。然而顧客在進入餐廳消費之
前，是沒有辦法得知產品是否符合自己的需求，而且服務品質的
良窳也無從判斷起，所以餐廳的產品具有不可觸知性，也因此造
成消費者在消費之前會有猶豫不決的情形發生。

二、經營上的特性

㈠銷售量難以預估

　　由於餐廳的消費模式是必須在顧客進門點餐後才算是真正有
生意，在這種被動的情形下，餐廳很難去預估消費的人數及預知
消費者的需求。也因此餐廳很難去預估它的銷售量。

㈡服務項目多樣化

　　為了滿足不同顧客的需求，以招徠更多的消費者，餐廳除了
提供基本的餐飲服務外，也會增加許多其他的功能來吸引顧客。
例如提供書報雜誌、附設娛樂設備、提供外燴及外送服務等，有
些規模較大的餐廳甚至可以提供會議場地及設備，使得服務項目
日益多樣化。

㈢受地區性限制

餐飲業營業所在的區域位置，與營業狀況的好壞有著密切的關係。如果餐廳所在的位置具有便利的交通及足夠的停車空間而且來往的人潮多，通常就會有較多的消費人潮。如果餐廳所在區域中有商業辦公大樓或有機關學校，這些都可以增加營業量。因此，選擇適當的地區營業對餐飲業而言是一項重要的設立考量因素。

㈣產業勞力密集

不論是後場的廚房或是前場的餐廳，都必須投入大量的人力才能正常地運作。即使目前已經有業者使用中央廚房自動化生產設備來取代人力，但對大部分的餐廳來說，仍然是一個勞動力密集的工作區域。而前場餐廳部分，則會因為餐廳服務類型的不同而對服務人員需求的多寡產生差異，例如自助餐廳所需要的服務人員數遠少於法式餐廳的服務人員數。但比起其他的服務業，餐飲業的勞力密集度仍屬偏高。

㈤營業時段明顯區分

由於餐飲業受到人們飲食習慣的影響，所以營業時段有明顯的區分。一天之中以早、午、晚三個用餐時間是餐廳營業的尖峰時段，而其他時間則是離峰時段，顧客量相對地也會變少。而一年之中也有淡旺季之分，尤其是會受到冷熱氣候影響的餐飲業，例如火鍋業及冷飲業，淡旺季最明顯。除此之外，近年來餐飲業也逐漸受到各種特殊節日的影響，例如情人節、母親節、聖誕節等，每當節日將近，各餐廳必會出現大量的消費顧客。

㈥產業的變化性高

　　餐飲業每天必須面對不同的顧客，而每位顧客的要求與反應都不同，所以服務人員的工作環境富有極高的變化性，也因此服務人員需具備高度的應變能力才能勝任這項工作。同時，由於社會的潮流瞬息萬變，餐飲業者也必須具備高度的敏感性才能掌握潮流改變的趨勢，調整經營的方向。

第三節　餐飲服務人員應具備的條件

　　餐飲服務人員是餐廳對顧客提供服務的主要工作人員，他的工作不僅是提供餐飲服務，同時還必須讓顧客享有滿意的用餐經驗。因此一位傑出的餐飲服務人員必須具備以下的特質及基本的條件。

一、健康的身心

　　餐飲服務人員在工作時必須長時間站立及走動，同時還必須耗費精神地記住不同顧客的要求，可以說是一項極耗費體力與精力的工作。因此，健康的身心不但是服務人員工作的本錢，也是提供良好服務的基礎。

　　充足的睡眠、適度的運動及均衡營養的飲食對服務人員而言是保持身體健康的不二法門。而適時地紓解壓力，與主管同事維持良好的人際關係，則可以讓自己保持愉快的心情，面對每一天的工作挑戰。

二、親切有禮

　　以客為尊，常常把請、謝謝、對不起掛在嘴邊，並面帶微笑。讓顧客有賓至如歸的感覺，並隨時記住「顧客永遠是對的」這句話。

三、熱忱與真誠

　　餐飲服務人員每天必須面對形形色色、各式各樣的顧客，因此餐飲服務人員必須對自己的工作充滿熱忱，如此才能真心誠意地去服務顧客，進而獲得顧客良好的回應。

四、認真負責，專心工作

　　餐飲服務人員在工作時必須全心投入，隨時注意每一餐桌的狀況，並認真盡責地掌握自己服務區域中顧客的用餐進度，以便適時地提供服務及供餐，並確保用餐過程的順利銜接。

五、積極進取，樂觀合群

　　餐飲業的工作環境極富變化與挑戰性，相對地工作也因此較為繁重而且容易遭受挫折。因此，餐飲服務人員需要有樂觀開朗的個性來面對挫折，要有積極進取的精神去克服困難。同時還要能夠與周遭的工作夥伴同甘共苦、相互幫助，發揮團隊合群的精神，共同為餐廳的目標而努力。

六、具備專業知識

餐飲工作人員必須對服務的程序、餐食的烹調方法及特色等專業知識有相當的了解與認識,如此才能得心應手地服務顧客,並提供專業完善的服務。

七、良好的溝通能力

在服務的過程中,如果能與顧客進行完善的溝通,不但能夠提供顧客最需要的服務,同時也能降低不必要的衝突與誤會。良好的溝通除了言語上的交談,還包括了用心地傾聽,傾聽顧客的需求,傾聽顧客的意見,經過充分完整的了解後,再以誠懇有禮的態度回答顧客的問題。如果沒有辦法立即答覆,也應該誠實地告知顧客,並在最短的時間內給予回應。

八、良好的外語能力

在日趨國際化的現今社會中,餐飲服務人員接觸國外旅客的機會日益增多,尤其是在旅館或飯店附設餐廳工作的服務人員,與外籍顧客接觸的機會更大。具備良好的外語溝通能力,就能與顧客無障礙的溝通,進而提供完善的服務。

九、情緒的自我控制

餐飲服務人員與顧客間是一種面對面的互動關係,因此,服

務人員必須要能善於控制自己的情緒，絕對不可把惡劣的情緒帶到工作上，甚至在顧客面前表現出來，如此不但會使顧客對服務產生不滿，更會讓顧客對餐廳留下不好的印象，而影響餐廳的形象與聲譽。

十、敏銳的觀察力

餐飲服務人員必須具備敏銳的觀察能力，以察知顧客的偏好及需求，並適時地提供必要的服務，讓顧客有倍受禮遇及尊重的感覺。

第四節　餐飲服務須知

一、基本規則

餐飲服務的基本原則：

1.不可以擅自離開服務區。

2.不可以因為和同事聊天而忽略顧客。

3.避免和顧客發生口角或衝突。

4.不可以躺在椅子上、倚著欄杆或靠躺在牆上。

5.不可以偷聽顧客的談話。

6.不可以在服務區進食。

7.不可以在禁菸區或顧客旁邊抽菸。

8. 不可以在廚房中大聲喊叫喧鬧。

9. 當顧客對菜餚抱怨時，不可以在顧客面前直接責罵廚房。

10. 發生顧客抱怨事件時，應該立即告知主管。

二、禮貌

餐飲服務時應該注意的禮貌：

1. 面帶微笑親地招呼顧客。

2. 用雙手遞送菜單給顧客。

3. 接受顧客點餐時，須應對有禮、聲音大小適中而且話語清晰。

4. 如果不小心弄翻食物，必須立刻向顧客道歉並儘速清理乾淨，同時向主管報告。

5. 服務時要面向顧客，而且不可將手放在口袋中。

6. 不可以口出穢語。

7. 不可以在顧客面前算錢。

8. 不可以催趕顧客用餐。

9. 顧客給小費時，要誠懇有禮道謝。

10. 不可以把筆放在耳旁或在手中不停地轉動。

11. 保持優雅的站姿，雙手不可交叉放在胸前。

12. 領檯時步伐不可以太快，必須與顧客保持適當的距離。

13. 服務時以年長者或女士優先，主人殿後。

三、服務技巧與注意事項

餐飲服務時的技巧與應該注意的事項：

1.顧客入座後應該立即服務飲水。
2.顧客點餐完畢後，應複誦一次點餐內容以確定無誤。
3.點餐完畢後，應該將用不到的空杯及空盤收走。
4.擺置刀叉或餐盤等餐具時，應該避免發生碰撞。
5.依據餐廳的服務方式，正確地收送餐食及飲料。
6.對顧客的服務必須一視同仁，不可有差別待遇。
7.如果顧客使用菸灰缸，必須注意隨時更換保持清潔。
8.顧客進食完畢前不可任意收拾餐盤。
9.供應餐後飲料時，沒有喝完的酒杯仍應留在桌上。
10.儘可能記住老顧客的用餐習慣及偏好。

四、安全與衛生

餐飲服務應該注意的衛生與安全事項：

1.工作前及如廁後，一定要洗手以確保雙手的潔淨。
2.端送餐食時，雙手不可以碰觸到食物。
3.不可以對著顧客或食物打噴嚏、咳嗽。
4.不可以在顧客面前有整理頭髮、剔牙、掏耳朵或挖鼻子等
  行為。
5.必須用乾淨且消毒過的布巾擦拭餐具。

6. 餐具掉落時應該立刻更換。

7. 餐廳內嚴禁奔跑。

8. 行進間不可突然止步或轉身，以免發生碰撞。

9. 端送熱食時，必須先告知顧客。

10. 端送餐具的數量不宜過多，以免服務人員因無法負荷而將餐具散落一地。

第五節　服務人員與顧客的關係

在餐飲服務的交易過程中，服務人員與顧客各扮演著買方與賣方的角色，二者缺一交易則無法進行。而在這過程當中，服務人員與顧客之間存在著何種的關係型態，就是本節所要討論的重點。

一、買方與賣方的關係

當顧客走入餐廳的那一瞬間，就表示他有意願接受餐廳所提供的產品與服務，也就是願意在餐廳中進行消費的動作，扮演買方的角色。而服務人員則是賣方餐廳的代表人，他必須與顧客進行直接的交談與接觸，明白了解顧客的需求，再向顧客介紹餐廳的產品。

買方與賣方要能順利愉快的完成交易，則全視服務人員是否能在餐廳以營利為目的的前提下，站在顧客的立場，經由完善的服務來促成交易的完成。因此，服務人員必須要能清楚明白地掌

握買方與賣方之間的關係，才能順利的完成任務。

二、亦師亦友的關係

顧客在餐飲的消費過程中，可能對菜單上的餐飲種類產生疑問，例如餐食的成分、分量的大小、烹調的方法、所需的時間及口味的酸甜苦辣等。這些都必須由服務人員發揮自己的專業知識，從旁加以解釋說明，使顧客能點選出最適合自己也是自己最喜愛的餐食。而在這過程中，服務人員就與顧客產生亦師亦友的關係。

亦師，即是顧客有疑惑請教服務人員時，服務人員必須以他專業的素養為顧客排解疑惑，就好比老師與學生的關係。然而在服務業中，服務人員基於服務顧客的理念，不能以為人師的態度來回答問題，而必須以像對待自己朋友般的心情，以友善親切的態度來回覆顧客，這樣才能達到尊重顧客的目的。

三、嬰兒與母親的關係

服務業的經典名言「顧客永遠是對的」，是服務人員在執行工作時必須牢記的一句話。因此，當顧客有所抱怨時，不論顧客是對是錯，餐飲服務人員都必須先以友善真誠的態度向顧客致歉，然後立即向餐廳經理人報告，由經理人出面處理，絕對不可以與顧客發生口角或衝突，因為顧客是餐廳營運的命脈，失去一位顧客，不僅是失去一份營運的收入，經由口耳相傳，還可能會因此而影響餐廳的形象及聲譽。所以服務人員應該以母親對待哭鬧嬰兒的態度去對待顧客，嬰兒的哭鬧有時是有正當的原因，有時是

毫無根據的，但不論如何，母親總是會以愛心、耐心及包容心來對待他們，而服務人員與顧客的關係正是如此。

第六節　同事間的關係

由於餐飲業是屬於勞力密集的行業，因此經常需要面對許多人際關係的問題，同事之間關係的問題也是其中之一。

在一家餐廳中，如果同事間的關係融洽，不但能使員工彼此間產生禍福與共的意識，更能因此團結一心共同為餐廳的經營而努力，如此一來不但能使餐廳整體的運作流程順暢，同時也能營造出和諧愉快的工作氣氛，並進一步影響顧客，讓顧客也感受到那份愉快與和諧，因此，餐飲工作人員如何與同事間保持良好的互動關係，就成為在工作以外必須學習的另一個重要課題，也是身為經理人所應該注重的事項，而要如何才能維繫同事間的良好關係，可從下列三方面來說明。

一、互相尊重，以禮相待

員工進入餐廳工作的時間一定有先後之別，對於較資深的員工，不論他工作職位的高低，我們一定要以尊敬的心及有禮貌的態度去對待他們，尤其是絕對不能因自己的職位較高，而表現出輕忽的態度，如此同事間相處便會產生芥蒂。因此，同事間的相處，不論是熟識或初識，都應該以禮相待並互相尊重，如此才能維繫良好的互動關係。

二、互相幫助，不錙銖必較

餐飲業不論是後場的廚房或前場的餐廳，都需要依靠大量的人力才能完成餐飲的製備與顧客的服務，因此在營業尖峰時段或人手不足時，員工間應發揮同事愛的精神，主動地互相幫忙與支援，讓餐廳的營運能順利運作。

有助人之心也要有不求回報的精神。同事間彼此互相幫助與支援在餐飲業是經常可見的事，但如果總是期望自己在幫助他人之後能夠得到回報或錙銖必較，不但會影響同事間的情誼，更會因期望落空而影響到自己的情緒。因此，如果能以助人為快樂之本的精神來幫助同事，不但利人更能利己。

三、互相忍讓與體諒

同事間相處難免因個人情緒的影響或工作上的相互牴觸而產生磨擦，這時候如果沒有辦法體諒對方的心情及處境而加以忍讓，一定會造成更深的誤解而影響彼此間的情誼及合作關係。我們常說「退一步想海闊天空」正是這個道理。因此，不論何時何地，肯時時為別人著想、體諒別人的人，總是受到歡迎的。

除了上述員工間的相處之道外，經理人也應時時注意員工間的相處情形，適時的出面進行調解，以維持餐廳和諧的工作氣氛及高昂的工作士氣。

第七節　緊急事件的處理

　　餐廳是屬於公共場所，聚集了許多前往消費的顧客及工作的員工。而餐廳的廚房則是擺設了許多烹調機器及電器用品，可以說是一個具有危險性的工作場所。因此，餐廳的工作人員必須具備處理緊急事件的能力，才能在意外或緊急事件發生時將傷害程度降到最低。

　　一般餐廳中較常見的緊急事件大致包括食物中毒、燒燙傷、顧客突發性的疾病及火災等四大類。茲就各類緊急事件的處理程序做說明。

一、食物中毒

　　主要是指人們攝取到中毒原因菌或有害物質污染的食物所引起的疾病。較常見的食物中毒種類有：

　　1.細菌性食物中毒。這類型的食物中毒又可分為：
　　　・感染型：例如牛、蛋中可能存在的沙門氏菌，海鮮類中的腸炎弧菌等。
　　　・毒素型：例如存在膿瘡中的葡萄球菌、土壤及動物糞便中的肉毒桿菌等。
　　　・其他：例如存在人及動物腸道中的魏氏桿菌與病原性大腸桿菌等。
　　2.天然毒素食物中毒。這類型的食物中毒又可分為：

・植物性：例如毒菇、發芽的馬鈴薯、有毒的扁豆等。

・動物性：例如河豚、有毒的魚介類等。

3.化學性食物中毒。這類型的食物中毒又可分為：

・化學物質：農藥、非法添加物、多氯聯苯等。

・有害金屬：砷、鉛、銅、汞、鎘等。

4.類過敏食物中毒：主要是指不新鮮或腐敗的魚、肉類。

㈠食物中毒的原因

食物中毒的原因如下：

1.食物冷藏不足。

2.食物加熱處理的時間不足。

3.食物烹調完成後放在室溫中的時間過長。

4.生食與熟食交互污染。

5.人為的污染。

6.設備清洗不完全所造成的食物污染。

7.使用已經受到污染的水源。

8.貯藏不當。

9.使用有毒的容器。

10.添加有毒的化學物質。

11.動植物食品中的天然毒素。

12.廚房積水或沒有裝設紗窗等導致環境的不清潔。

㈡食物中毒的處理程序

食物中毒的處理程序如下：

1. 立即撥110報警,並詳細描述事件發生地點的地址及附近明顯且可供識別的標誌,讓救護人員能儘速趕到現場。
2. 就地施予急救措施:
   - 先給病患喝水,然後將手指插入喉嚨裡進行催吐。
   - 讓病患安靜的休息,如果有手腳發冷的現象發生,應立刻給予保溫。
   - 如果有嚴重的腹瀉現象,應該持續給病人喝少量的水或溫水,以防止病患脫水。
   - 如果為誤飲農藥、殺蟲劑等藥劑時,應該在最短時間內讓患者喝下牛奶、鹽水、澱粉或麵粉水、生雞蛋等。
3. 將可能的致病食物及病患的嘔吐物與排泄物等保留下來,以作為事後檢查或檢驗之用。

二、燒燙傷

主要是指人體受到高溫的液體、火焰、器具或腐蝕性化學劑品或電流的侵害所引起的傷害。

㈠燒燙傷的種類

常見的燒燙傷種類有:

1. 熱液燙傷:例如廚房中的熱湯、熱油、沸水或大量的蒸氣等所引起的傷害。
2. 火焰燒傷:例如廚房中的瓦斯爆炸或火災等所引起的傷害。
3. 接觸燒傷:例如接觸到廚房中的熱鍋等所引起的傷害。

4.腐蝕性化學劑品傷害：例如強酸、強鹼等所引起的傷害。

5.電傷：例如高壓電、電器用品漏電或插頭損壞等所引起的傷害。

㈡**處理程序**

■ *燙傷的急救步驟*

燙傷的急救口訣：沖、脫、泡、蓋、送。

1.沖：將受傷部位以流動的自來水沖洗或浸泡在冷水中，讓皮膚表面的溫度能迅速降低。

2.脫：在燙傷部位充分浸濕後，再小心地將燙傷表面的衣物去除，必要時可以利用剪刀剪開，如果衣物和皮膚發生沾黏的現象，可以讓衣物暫時保留，此外還必須注意不可以將傷部的水泡弄破。

3.泡：繼續浸泡在冷水中以減輕傷者的疼痛感。但是如果燙傷面積過大或傷者年紀較小，則不必浸泡太久，以免延誤治療的時機。

4.蓋：用乾淨的布類將傷口覆蓋起來。切記千萬不可自行塗抹任何藥品，以免引起傷口感染及影響醫療人員的判斷與處理。

5.送：儘速送醫治療。如果傷勢過於嚴重，最好送到設有整形外科或燒燙傷病房的醫院。

■ *燒傷的急救步驟*

1.如果身上有火，應該告知顧客用雙手掩蓋臉部，並立即倒地翻滾讓火熄滅，或是立刻以桌巾等大型布塊將傷者包

住，並一起翻滾讓火熄滅。

2.等火熄滅後，再以燙傷的急救步驟進行處理。

■ **腐蝕性化學劑品傷害的急救步驟**

1.不論是哪種化學劑品，都應該立刻以大量的自來水加以沖洗，而且沖洗時間至少要維持三十分鐘，才能沖淡化學劑品的濃度，尤其是眼睛受到傷害時，更要立刻睜開眼睛用自來水沖洗。

2.立刻送醫治療。

■ **電傷的急救步驟**

1.先切斷電源或用絕緣物將電線等物移開。並立即檢查傷者是否有呼吸及心跳，如果呼吸或心跳停止，應該立刻進行人工呼吸並撥110求救。

2.一般而言，由於電傷的受傷程度較深，應該直接送醫急救。

三、火災

火災可以說是公共場所中最嚴重的緊急事件，它所帶來的生命財產損失也最巨大。因此，不論是各行各業都應該對火災時的緊急處理有正確的認識與了解。尤其是經常充滿消費顧客的餐飲場所，更應該注意。

㈠火災的處理程序

火災的處理程序如下：

1. 立刻報警：發現火災時應儘速撥119電話報案，並詳細說明發生地點的地址及附近明顯的標誌物，讓消防人員能迅速地到達現場進行搶救工作。

2. 疏散顧客：冷靜有序並迅速的指揮疏散顧客逃生。

㈡逃生原則與技巧

逃生的原則與技巧如下：

1. 應該優先協助老弱婦孺逃離火災現場。

2. 火災時所產生的濃煙會往上竄升，因此應儘可能往低層逃生。

3. 如果必須在濃煙中逃生時，應切記：
   - 以溼毛巾掩住口鼻，沿著牆角採低姿勢逃生。因為在離地面30至60公分處還有殘存的空氣可供呼吸。
   - 可吸取樓梯間腳的殘存空氣逃生。
   - 利用透明塑膠袋裝滿空氣後，套在頭上並向下拉緊，往安全的地方逃生。

4. 如果必須通過火場逃生，可將身上的衣物浸濕或將桌巾、棉被、浴巾、毛毯等物品浸濕後包裹住身體，再迅速逃生。

5. 逃生時應隨手關門，以阻隔火勢蔓延的速度。

6. 開房門時，應先用手觸摸門板及手把，如果感到燙手就不可以開門，應採取其他的逃生路線。如果沒有燙手的感覺，在開門時也應該以背部頂住門，先開一條細縫，如果有熱浪或火焰衝過來，則應該立刻關門選擇另一條逃生路線。

7. 情況緊急時可以利用逃生工具或連接繩索或利用鄰近屋頂逃生。

8.受困時，應該緊閉房門並利用物品填塞門縫，防止濃煙進入，並在窗口以明顯或光亮物品引人注意，等待救援。

㈢防火知識與訓練

防火知識與訓練應注意下列各事項：

1.餐廳應詳細規劃逃生路線並隨時保持逃生通道的暢通。
2.設置火災警報器、滅火設備及避難逃生設備，並定期檢測。
3.舉辦員工安全演習，並教導員工正確地使用滅火及避難逃生設備。

㈣其他緊急意外事件

例如顧客突發疾病導致休克或食物哽塞等。餐廳在員工的安全教育中就應該安排心肺復甦術及哈姆立克急救法等急救課程，以應付這類型的緊急意外事件。

第八節　顧客抱怨的處理

顧客抱怨是餐飲業中最可能經常碰到的問題，而不論是服務人員或餐廳經理人都應該重視且誠心地接受顧客的抱怨，並予以妥善的處理，以免因此而影響餐廳的形象與聲譽。

顧客抱怨固然是因為顧客對餐廳有所不滿而引發的言語，然而顧客抱怨對餐廳而言卻是一項寶貴的訊息來源。一般來說，顧客如果對餐廳不滿，不一定會表達出來，而是在離開餐廳後，以

口耳相傳的方式將他對餐廳的不滿四處傳佈，如此對餐廳所造成的傷害是無法彌補也無從補救的，因此，如果顧客肯當面向餐廳訴說不滿，餐廳反而應該抱著感謝的心情接受。顧客抱怨可以為餐廳帶來的好處有二：

1. 顧客抱怨可以凸顯出餐廳在管理上或餐食上的缺點，讓餐廳有改正的依據。
2. 如果顧客的抱怨能獲得滿意的解決，不但能降低餐廳負面的傳言，更能增加餐廳正面的評價。

一、顧客最常抱怨的事項

顧客最常抱怨的事項有：

1. 餐食烹調不佳。
2. 餐食不合口味。
3. 餐食的分量不足。
4. 菜單的選擇性少。
5. 菜單中沒有自己想吃的餐食種類。
6. 餐廳的環境衛生欠佳。
7. 用餐環境過於擁擠及吵雜。
8. 服務人員的服務技巧或服務態度欠佳。
9. 小費的問題。
10. 沒有停車位。

二、顧客抱怨的處理

適當的抱怨處理可視為是一種一對一的行銷，而且也可以達到加強顧客忠誠度的目的。因此，顧客抱怨的處理對餐廳而言是一項很重要的工作。處理抱怨可以從下列三方面著手。

㈠加強對服務人員及經理人的訓練

餐廳必須訓練經理人及服務人員去了解顧客的不滿，同時也要鼓勵這些人員能在現場採取必要的行動來解決問題。大部分的經理人及員工在遇到顧客抱怨事件時，會潛意識地有趨吉避凶、立即逃開的想法，在迫不得已一定得面對的時候，通常也會採取自我保護的姿態而顯現出較不友善的態度。因此訓練經理人及員工以友善誠懇而且勇於面對問題的態度來處理顧客抱怨是很重要的。訓練的重點有二：

1. 訓練員工要能抓出問題癥結的所在，並表現出餐廳願意不計代價地花費時間、金錢及努力來使顧客滿意的誠心。
2. 訓練員工要能表現出餐廳有隨時接受顧客抱怨的準備。

㈡設立抱怨管道

最常見的方法是在餐桌上放置意見卡，當顧客有問題時可直接填卡交給餐廳。或是當顧客用餐接近結束時，由餐廳管理階層的人員出面直接詢問顧客對於此次的用餐是否滿意；也可以用郵寄問卷的方式進行。不論使用哪種方式，最終的目的都是希望能聽取顧客的意見，知道顧客的抱怨及不滿。

除了了解顧客的意見及抱怨外，還必須要對這些訊息加以記錄及整理，以作爲改進及後續追蹤之用。

(三)追蹤抱怨

抱怨的追蹤處理是很重要的工作，最好是由較高階層的管理人員或設置專責人員來負責處理，並與顧客保持連繫維持關係，讓顧客有備受尊重的感覺。

如果由於顧客的意見或抱怨而指出餐廳在管理上或餐食上的缺點，並進而使餐廳在修正時有所依據，則餐廳應對顧客表示感謝，不論是謝卡、禮物或邀請顧客回餐廳免費用餐，只要是眞心誠意地表達謝意，一定能得到顧客良好的回應並提升餐廳的形象與聲譽。

第七章　餐飲服務的種類

法式服務

美式服務

英式、俄式及自助餐式服務

中餐服務

宴會服務

客房餐飲服務

飛機上的餐飲服務

目前較爲一般人所知的基本餐飲服務方式有法式服務、美式服務、英式服務、俄式服務、自助餐式服務及中餐服務等六種，而它主要是依據餐廳所想提供的餐食種類、廚房設備、人力配置及調查顧客的需求來決定，此外，還有在特殊地點提供的餐飲服務方式，較爲一般人所熟知的有旅館中的客房餐飲服務及飛機上的餐飲服務等二種，而本章將就上面所提到的各種服務方式做說明。

第一節　法式服務

　　一般而言，法式服務（French service）通常是在高級飯店的法國餐廳或大型西餐廳才會採用的服務方式。而法式服務所供應的餐點內容則包括了湯、前菜、主菜、甜點及飲料等，這五道餐的組合在法式服務中被稱爲「一餐」。以下則分別以法式服務的餐具擺設、服務方式、優點及缺點加以說明。

一、餐具的擺設

　　不同的服務方式所需要使用到的餐具及餐具的擺設就會有所差異，而法式服務的餐具擺設原則如下：

1. 將前菜盤放在座位前餐桌的正中央，並且與桌緣保持約1吋的距離（一般約是兩指寬度）。
2. 將一條疊好的餐巾放在前菜盤上。
3. 餐叉放在前菜盤的左側，叉尖朝上叉柄末端與前菜盤下緣

對齊。

4.餐刀放在前菜盤的右側，刀口朝左與餐叉平行而置。

5.湯匙放在餐刀的右側，與餐刀平行。

6.奶油碟放在餐叉左側，碟上放奶油刀一把並與餐叉平行。

7.前菜盤上端面正中間放置點心叉及點心匙，並且與餐叉及餐刀呈垂直的角度擺放。

8.飲料杯或酒杯放在餐刀上方，如果杯子有二個以上時，則以向右傾斜的方式排列。營業時間不論餐桌是否有顧客，杯口一律朝上。

9.如果餐廳供應咖啡，應在點心之後上桌，而咖啡匙應放在咖啡杯盤的右側。

二、服務方式

法式服務最大的特色之一是餐食的供應方式。餐食在廚房中先由廚師做大致的烹調處理，以半成品的狀態由服務人員端放在現場烹調手推車上，再將手推車推到顧客的桌旁，由服務人員在顧客面前完成最後一道的烹調手續或加熱，裝盛在餐盤中後就可以端給顧客享用，因此，法式服務又稱爲手推車服務（cart service／Gueridon service）。

法式服務中通常以一位正服務員（Chef de Rang）及一位助理服務員（Commis de Rang）二人爲一組負責服務同一席位的顧客，這也是法式服務的另一個特色。其中的正服務員，是必須經過長時間嚴格的專業訓練與實習後才能養成，在歐洲，法式餐廳的服務人員，至少要經過四年的養成訓練與實習後才能成爲正

式合格的服務員。法式服務的服務方式如下：

1. 由正服務員為顧客點餐後，交由助理服務員送到廚房。
2. 由助理服務員將餐食推送至桌旁。
3. 由正服務員完成最後的烹調程序，並負責食物的切割與裝盛。
4. 由助理服務員負責為顧客端送餐點及收拾空盤碟等工作。
5. 除了麵包、奶油碟、沙拉碟及其他特殊盤碟由顧客左側供應外，其他餐食都是從顧客的右側供應。
6. 盤碟從顧客的右側收拾。如果服務員習慣以左手工作，也可以由左側收拾。
7. 如果有餐食必讓顧客以手取用，例如龍蝦、水果等，則必須準備洗手盅及餐巾讓顧客清洗擦拭。用餐完畢後，則必須再次供應洗手盅及餐巾。

三、法式服務的優點與缺點

㈠優點

法式服務的優點有：

1. 讓顧客感到倍受尊重與照顧。
2. 讓顧客感到自己是餐廳的重要貴賓。
3. 可提升餐廳精緻高雅的形象。
4. 法式餐廳服務人員的底薪通常較低，而服務員是以顧客所給的小費為主要的收入，因此可以減少餐廳對服務人員的

薪資支出。

㈡缺點

法式服務的缺點有：

1. 餐廳的消費金額高，因此消費市場較小。
2. 需要僱用較多的服務人員。
3. 由於服務程序繁瑣，因此顧客用餐時間長，會使餐廳的翻檯率偏低。
4. 現場烹調手推車、加熱器等設備會增加餐廳的固定成本支出。

第二節　美式服務

美式服務（American service）是目前被廣泛利用的一種餐廳服務方式。它源自於十九世紀的美洲大陸，由於當時歐洲各國移民聚集在美洲這塊新大陸上，因此當時餐廳所採取的服務方式與經營者的背景有很大的關係，也因此使得法式、英式、俄式等各種服務方式的餐廳林立，之後由於文化相互的融合，各種服務方式也逐漸混合，而形成一種新的服務方式，演變至今日就成為一般人所謂的美式服務。

一、餐具的擺設

美式服務的餐具擺設原則如下：

1. 每二位顧客擺置糖盅、胡椒瓶、鹽瓶及菸灰缸各一的用品一套。如果是六人以上的餐桌，則是以三人一組為單位。
2. 將疊好的餐巾擺在距桌緣約1公分的座位前餐桌正中間。
3. 餐叉二支，叉尖朝上放置餐巾左側，叉柄末端與餐巾下緣對齊。
4. 餐刀與奶油刀各一支，刀口朝左，與湯匙二支放在餐巾右側。依餐刀、奶油刀、湯匙等順序，與餐叉平行而置。
5. 奶油碟則放在距餐叉上方約3公分的地方。奶油刀也可以放在奶油碟上，但必須與桌下緣平行。
6. 水杯放在餐刀右前方，杯口朝下放置。

二、服務方式

顧客享用的餐食內容包括主菜、麵包與奶油、沙拉及咖啡等飲料。與法式服務不同處在於美式服務的餐食是在廚房中烹調完畢，以餐盤分別裝盛好後，再由服務人員以大托盤端到餐廳內供應給顧客享用，因此又可稱為餐盤式服務（plate service）。美式服務的服務人員通常一個人可以服務三至四桌的顧客，這點也與法式服務不同。美式服務的服務方式：

1. 顧客入座後，服務人員應立即從顧客右側，在水杯中倒入

冰水供顧客飲用。

2. 送上菜單並接受顧客點餐，同時詢問顧客是否飲用餐前酒。點餐完畢後應複誦一次顧客所點用的餐食內容以確定無誤。

3. 所有的餐食都是在廚房中烹調完畢並分別裝盛在餐盤中，由服務人員以大托盤端出。

4. 飲料以右手從顧客的右側供應。其他餐食則是以左手從顧客的左側供應。

5. 收拾餐具一律在顧客的右側進行。

6. 準備結帳時，應在核對帳單無誤後，再將帳單以正面朝下的方式放在顧客左側的桌緣上方。

現代的美式服務，不論是上菜或收拾餐具都已改為在顧客右側進行。然而究竟要採用傳統或現代的服務方式，則全依餐廳的選擇與需求而定。

三、美式服務的優點與缺點

㈠優點

美式服務的優點有：

1. 餐廳的翻檯率高。

2. 服務快速簡便，省時省力。

3. 降低餐廳對服務人員的需求量。

4. 節省設備成本的支出。

5. 不需要具備烹飪技巧的服務人員，容易培訓新人。

6.由於成本低因此價格合理，較容易被消費大眾所接受。

7.廚房可以完全掌控餐食的品質。

仁缺點

美式服務的缺點有：

1.餐廳的精緻性不如法式服務餐廳。

2.需要增加廚房員工的工作量與工作時間。

3.如果服務人員供餐速度比廚房的製作速度慢時，容易造成餐食冷掉的情形。

4.服務人員的工作比較單調而且比較沒有挑戰性，容易使服務人員對工作產生疲乏感。

第三節　英式、俄式及自助餐式服務

一、英式服務

英式服務（English service）是一種較少為一般餐廳所採用的服務方式，但是在以美式計價的旅館中或宴會上卻被普遍的使用。所謂美式計價就是在房價中包含了三餐的價錢在內。英式服務又可分為二類：

1.將餐食裝在大銀盤中由服務人員從廚房端出再分送到顧客的餐盤中。服務時是在顧客左側用右手分菜到顧客的餐盤

中。

2.將餐食擺置餐桌正中央，由顧客自行取用。

英式服務的優點爲：

1.不需要具高度技巧的服務人員。

2.服務快速，減少顧客的用餐時間。

3.服務人員的轉檯率快，一人可以同時服務較多的顧客，可
以降低人事成本。

缺點則是：

1.顧客在等候用餐時無法享受到其他的服務。

2.用餐完畢後餐盤都放在桌上，令人有凌亂不潔的感覺。

二、俄式服務

俄式服務（Russian service）又被稱爲修正的法式服務。這
類服務仍是由廚師在廚房中將餐食烹調完成，裝盛在大銀盤中由
服務人員端出。俄式服務的特色是在於服務人員在端送大銀盤餐
食的同時，會將符合顧客人數的熱空餐盤一併搬到餐桌旁的服務
桌上。這種服務方式在宴會中被廣爲使用，而它所供應的菜色通
常是主人事先單點組合而成。服務方式爲：

1.以順時針方向由顧客右側以右手將熱空盤先擺置顧客面前
的桌上。

2.服務員先將餐食端給主人及賓客觀賞後，再以逆時針方向
由顧客左側以右手分菜到顧客的餐盤中。

俄式服務的優點為：

1. 俄式服務也是一種精緻高雅的服務方式。
2. 服務較快速而且價位不算昂貴。
3. 每位顧客所享用的餐食分量固定。
4. 不需要使用具簡易烹調設備的手推車。

缺點則是：

1. 服務速度較慢，導致服務過程冗長。
2. 由於餐盤的更換頻率高，因此餐廳需要準備大量的餐盤備用。
3. 廚房清洗人員必須不斷地清洗餐盤，如果顧客較多時，可能會出現餐盤沒有徹底洗淨及熱盤的情況。

三、自助餐式服務

自助餐式服務的最大特色是顧客可以從餐廳的餐食陳列區中挑選自己喜愛的食物，而另一個特色則是餐廳沒有固定的菜單。自助餐式服務依照餐廳的供餐方式又可分為瑞典式自助餐服務（buffet service）以及速簡式自助餐服務（cafeteria service）二種。

㈠瑞典式自助餐服務

一般人所稱的歐式自助餐就是採用瑞典式自助餐服務方式。這類型餐廳不是以顧客所取用的餐食數量來計價，而是以用餐人數作為計價的單位。餐廳所供應的餐食內容豐富，大致可分為湯

類、沙拉、肉類的熱食主菜、點心、水果及冷熱飲等。而餐廳對餐食陳列區的擺設與佈置也頗為重視，通常會以銀盤或精美的大餐盤來裝盛食物，有時在餐食陳列區中還會用冰雕、果雕或花卉等來加以美化，希望能襯托出餐食的美味及營造出舒適的用餐環境。

由於是自助式服務，因此除了餐食陳列區中的大型塊肉類食物，由廚師負責切割及供應外，其他都是由顧客自行取用。因此，服務人員的主要工作內容與一般餐廳有所不同。其主要工作內容如下：

1. 服務人員必須隨時注意餐食陳列區中顧客取用的情形，以避免發生餐食短缺的情形。
2. 注意餐食陳列區中餐食的加熱及保溫設備是否正常運作。
3. 隨時收拾顧客桌上使用過的空餐盤，保持桌面的整潔。

瑞典式自助餐服務的優點為：

1. 在極短的時間內就可以供應顧客餐飲。
2. 所需要的服務人員較少，可節省人事開銷。
3. 顧客可依自己的需求取用適量的餐食。
4. 餐廳可以依據材料的季節性及成本考量，隨時調整供餐的內容。
5. 利用餐盤的大小來控制顧客的取用量，間接達到控制成本的目的。

缺點則是：

1. 必須儲備較多的食物材料，因此餐廳的食物成本較高。

2.存貨的控制不易。

3.餐廳內的地毯、桌椅等比較容易遭到污損。

4.餐食陳列區中的餐食容易發生剩餘的情況，導致食物的浪費及成本的增加。

5.必須準備大量的餐盤供顧客使用。

(二)速簡式自助餐服務

一般而言，速簡式自助餐廳的佈置是以整潔明亮爲主，並不會特別講究用餐時的氣氛。而這種服務方式主要是讓顧客沿著餐食陳列區前進，由服務人員供應顧客所挑選的餐食，並在餐食陳列區的出口處結帳後，由顧客自行將餐食端到用餐區用餐。與瑞典式自助餐服務不同的是，速簡式自助餐服務的餐盤是由顧客自行收拾。通常以學校的學生餐廳或機關團體的員工餐廳最常採用這種服務方式。

速簡式自助餐服務的優點爲：

1.價格低廉，但餐食仍能維持一定的品質。

2.服務速度快，可節省顧客等候的時間。

3.每種菜餚都以標準的分量供應，可控制食物成本。

4.所需要的服務人員較少，可節省人事開銷。

5.餐廳可以依據材料的季節性及成本考量，隨時調整供餐的內容。

6.顧客依據自己所看到的餐食成品做選擇，可避免菜單與實際成品間的誤差。

7.顧客不需要給小費。

缺點則為：

1. 必須儲備較多的食物材料，因此餐廳的食物成本較高。
2. 存貨的控制不易。
3. 餐食陳列區中的餐食容易發生剩餘的情況，導致食物的浪費及成本的增加。

第四節　中餐服務

中國是一個對「吃」情有獨鍾的民族，中國菜也是世界四大美食之一，而台灣則是聚集了中國各地方特有的菜餚及西方各類的餐飲，成為名副其實的美食天堂。因此，各式各樣的中餐廳隨處可見，不論是路邊攤、小餐館或是裝潢高級的大餐廳，消費者可以依據自己的消費能力選擇用餐的地點。一般來說，路邊攤及小餐館是屬於比較隨意且不受拘束的用餐地點，因此大多只有端送餐食的基本服務而已。而本節所介紹的中餐服務，主要是指提供簡便式中餐並具有餐廳形式的中餐廳而言。

一、餐具的擺設

中餐廳餐具擺設的原則如下：

1. 將一個6吋骨盤放在顧客正前方，離桌緣約兩指距離的桌面上。
2. 味碟擺在骨盤的正前上方。

3. 湯匙的匙心朝下放在骨盤的中間，但匙柄必須略向右傾斜，約是斜向時鐘的四點鐘方向。

4. 筷子裝在紙套中，如果紙套上印有餐廳字樣或標誌，則必須朝上讓顧客可以看見。而筷子是放在骨盤的右側，與骨盤平行。

5. 中餐廳使用的茶杯有瓷杯與玻璃杯兩種。如果是瓷杯，則將杯子放在味碟上。如果是玻璃杯，則是放在筷子的上方。杯口一律朝下。

6. 中餐廳使用的餐巾則可分為紙巾與布巾兩種。如果使用紙巾，則是在摺疊好後放在玻璃杯中。如果使用布巾，則是將布巾以花式摺疊後放在骨盤中央。

7. 上述的各種餐具是每位顧客都有一套，而其他如菸灰缸、各類調味瓶及牙籤等用品則是以每一餐桌擺置一套為原則。

二、服務方式

一般中餐廳的服務方式與英式的服務方式相同，唯一不同的是餐廳所提供的菜餚內容。一般中餐廳在廚房中將食物烹調完畢後，即以餐盤裝盛並由服務人員以托盤端送到顧客的餐桌上，讓顧客自行取用。而主要的服務流程可分為下面七個階段，如圖7-1所示。

■ 迎客帶位

客人出現時必須熱情地招呼顧客，並依據顧客的用餐人數及要求，帶領到適當的餐桌，顧客就座後，應依據顧客人數增減餐

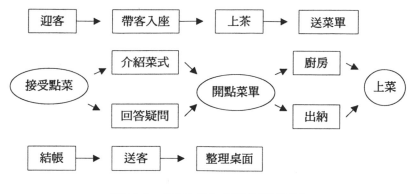

圖 7-1　簡便式中餐的服務流程

桌上的餐具。

■ 上茶

　　顧客就座點餐前，服務人員應替顧客在杯中倒入茶水，並送上紙巾或毛巾。同時將菜單送上，讓顧客有時間先看一下餐廳所提供的菜色種類。遞送菜單時要以「長幼有順，女士優先」的順序送上。

■ 接受點菜

　　服務人員必須熟悉餐廳所提供各式菜餚的特色，當顧客有疑問時可以立即為顧客解答並適時地提供建議，同時應詢問顧客是否需要白飯。顧客點菜完畢後應複誦顧客的點菜內容，確認無誤後再把菜單分別送到廚房及出納處。

■ 上菜

　　上菜時必須主動告知菜式，並且應在上完最後一道菜時詢問顧客是否有遺漏或未送到的菜式。

■ 結帳及送客

　　當顧客用餐完畢後，服務人員應詢問顧客是否有其他需要，如果顧客表示可以結帳時，應從顧客右側將帳單送上，並按餐廳

規定替顧客結帳。顧客離開時應該道謝並歡迎顧客再次的光臨。

■ 整理餐桌

　　顧客離開後，應該迅速整理桌面，恢復桌面的整潔，讓其他的顧客可以使用。

　　除了上述所提到的服務流程外，服務人員在顧客用餐期間，應該隨時注意顧客的需求，例如更換骨盤、菸灰缸、添加茶水等，讓顧客能有賓至如歸的感覺。

第五節　宴會服務

　　不論是婚喪喜慶、商務聚會或是展覽會議，這些都是宴會形式的一種。一般來說，要承辦一個宴會必須要有足夠大的場地才能讓宴會順利進行，因此，目前舉辦宴會的地點大多是在飯店的宴會廳、會議中心或是大型的餐廳，此外，由於受到民情風俗及國人飲食習慣的影響，國內的宴會又可區分成中餐宴會與西餐宴會兩種。本節將從席次座位的安排、桌面的擺設及用餐服務等三方面來介紹中餐宴會與西餐宴會的不同，希望讀者能對宴會服務有進一步的認識。

一、中餐宴會服務

㈠席次及座位的安排

　　一般中餐宴會所使用的桌子是以圓桌為主，而席次的安排方式有雙桌、三桌、四桌、五桌等不同的安排方式，但排列時的基

本原則不變，主要是以面對門正中間的為首席，之後則是以右為尊，由右至左為原則來排列。但是如果是十桌以上的宴會，則只有第一桌面前的第一排，是按照上面所提到的原則做排列，第二排以後只要按照桌次編碼，由小而大從右至左依序排列就可以了，如**圖7-2**。

座位的安排，則是以主人坐在第一桌上位正中央面對所有其他的賓客為主。如果有副主人、主賓客及副主賓之分時，則副主人是坐在主人的正對面，主賓客坐在主人的右側，副主賓則是坐在副主人的右側，如**圖7-3**。其他賓客則沒有嚴格的規定。由於座位的安排通常是以賓客身分地位的高低作為排序的依據，因此，如果是大型宴會貴賓人數較多時，應事先將座位的安排繪製成圖，張貼在宴會入口處，並安排專人服務帶位。

㈡桌面的擺設

中餐宴會桌面擺設的原則如下：

1. 在圓桌上舖上桌巾。
2. 將旋轉盤平穩地放在桌子的正中央，並試著轉動，看看是否能順利轉動。
3. 依據每桌的用餐人數，以相等的距離排放骨盤，此外骨盤與桌緣需有約二指寬的距離。
4. 味碟放在骨盤左上方，與骨盤約距一指寬度。
5. 湯碗與湯匙則放在骨盤的右上方，與味碟平行。
6. 筷架放在湯碗的右斜下方，二者間約有一指寬的距離，而筷子必須放在筷架上。
7. 啤酒杯放在味碟的右斜上方。

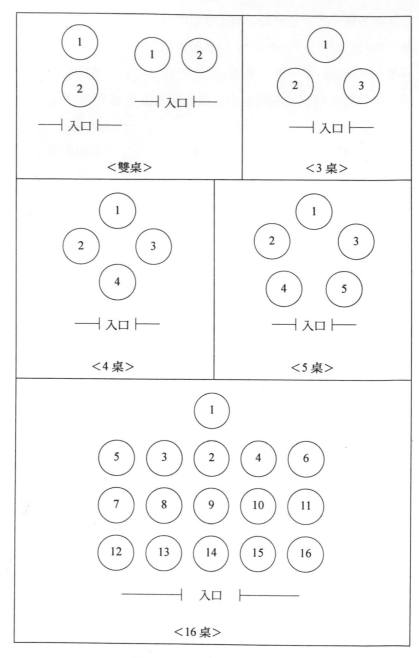

圖 7-2　中餐宴會席次安排圖

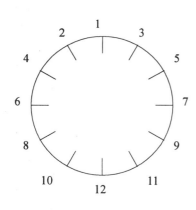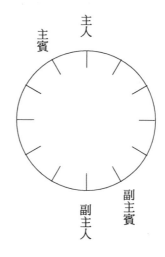

圖 7-3　中餐宴會座位安排

8. 小酒杯則是放在啤酒杯右邊，兩者間相距約二指寬度。

9. 在主人座位的右邊，斜放一個大龍頭，並在龍頭上放置一支長銀瓢、服務叉及服務匙。

10. 折好的口布放在骨盤的中間。

11. 每桌放置六個菸灰缸，以相等的距離放在餐具之間，並且與酒杯平行。同時在菸灰缸緣放置火柴。

12. 公杯放在旋轉盤距盤緣約一指寬距離處，杯嘴朝左。

13. 佐料壺放在公杯正對面，壺嘴也是朝左。

14. 牙籤則是放在佐料壺右邊。

15. 如果有盆花則是擺在旋轉盤的正中央。

圖7-4為中餐宴會餐具的擺設圖例。

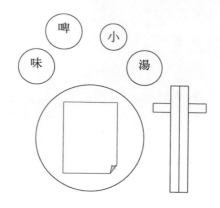

圖 7-4　中餐宴會餐具的擺設

(三)用餐服務

中餐宴會用餐服務的原則如下:

1. 客人入座後,服務人員應送上濕紙巾,並端出各式飲料供客人選用,客人選定後,再依序將飲料倒入顧客的杯中,供顧客飲用。

2. 一般宴會的上菜順序是先冷後熱,先鹹後甜,味道清淡的菜餚先上菜,味道厚濃的菜餚後上菜。

3. 每端上一道新的菜餚,服務人員應介紹菜名及特色。

4. 分菜,可以在一旁的服務檯進行或是在餐桌的旋轉盤上進行。而分送時則是先端給主賓,再以順時針方向分送給其他的客人,最後才是主人。

5. 端送菜餚時,應以右手從客人的左側送上。

6. 每上一道菜就必須更換新的骨盤。

7. 端離舊菜時,應先詢問顧客是否還有需要,顧客示意可以

端離時才可以端走。

8. 送上甜點前,應先將桌上的餐具撤走,只留下水杯及酒杯。

9. 甜點用完後,服務人員應送上新的毛巾及茶水。

10. 禮貌送客。

二、西餐宴會服務

㈠席次及座位的安排

西餐宴會通常是用長型餐桌來佈置宴會場地,一般最常見的排列方式有:「一」字形、「I」字形、「T」字形、「ㄇ」字形及「E」字形等五種類形,如**圖7-5**。至於座位的安排原則與中餐宴會相同,主人坐在上位中央面對所有的賓客,如果有副主人、主賓客及副主賓的區分時,則副主人坐在主人的正對面,主賓客坐在主人的右側,副主賓則坐在副主人的右側,而其他賓客則沒有嚴格的規定。

㈡桌面的擺設

由於西餐宴會的餐食是以每人一份的方式供餐,因此所使用的餐具也是以每人一份為標準,再加上不同的餐食內容所需要用到的餐具種類也不相同,例如切牛排要用牛排刀、奶油有奶油刀、魚有魚刀等,不像中餐,所有的菜餚都可以用筷子夾取或湯匙瓢取,因此,西餐宴會桌面餐具的擺設,一定要根據菜單的內容來做調整。餐桌擺設的原則如下:

1. 桌面舖上桌巾。

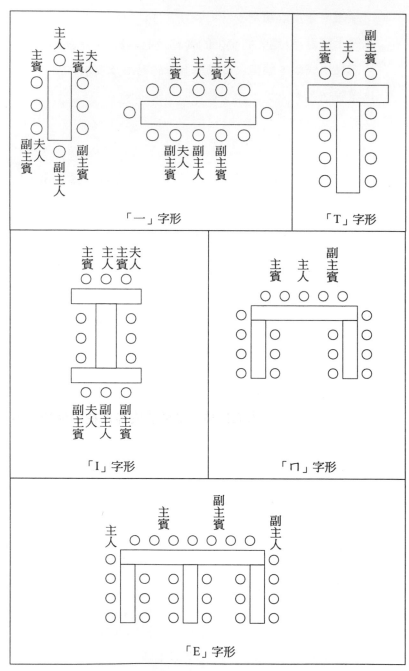

圖7-5 西餐宴會席次排列與座位安排

2.餐盤、餐刀及餐叉必須與桌緣相距約1吋的寬度。

3.餐盤放在座位的正中間，餐盤左側擺餐叉，右側擺餐刀及湯匙。且按照使用時的順序由外往內排列。

4.餐刀的刀口朝向餐盤，餐叉的叉尖朝上。

5.點心叉及點心匙擺在餐盤的正上方，與餐盤平行。

6.基本上，餐桌上的餐具不可擺設超過三套的刀叉，如果需要使用到第四套的刀叉，則是在上菜時再將餐具擺上即可。

7.麵包奶油盤及奶油刀擺在餐叉的最左側。

8.水杯放在餐刀的上方。水杯外側由左略往右斜分別擺置紅酒杯與白酒杯。

9.將摺疊好的口布放在餐盤上。放置時必須注意，缺口要朝向客人，讓客人可以方便打開使用。

10.餐桌上的公共用具，如調味架、奶油盅、菸灰缸等，以四人擺放一組為原則。

11.餐具的擺設不可太過擁擠，以免造成客人在活動時的不便。

12.餐桌上面可以擺上鮮花、燭檯或玻璃罩燈作為裝飾。

圖7-6為西餐宴會餐具擺設的圖例。

㈢用餐服務

西餐宴會用餐服務原則如下：

1.賓客抵達時，服務人員應主動上前親切問候，並帶領客人到休息室先稍做休息或直接帶至餐廳。

2.當賓客脫下外套或帽子時，服務人員應立即接住，並掛好。

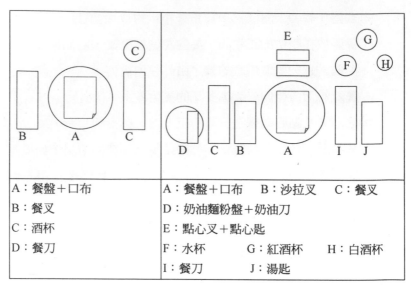

A：餐盤＋口布	A：餐盤＋口布　　B：沙拉叉　　C：餐叉
B：餐叉	D：奶油麵粉盤＋奶油刀
C：酒杯	E：點心叉＋點心匙
D：餐刀	F：水杯　　　G：紅酒杯　　H：白酒杯
	I：餐刀　　　J：湯匙

圖 7-6　西餐宴會餐具的擺設

　　如果賓客人數衆多時，則應以衣帽牌來區別。

3. 賓客入座後，應送上毛巾、菸、茶水或酒。

4. 開宴時間前十至十五分鐘，應詢問主人是否可以開席，在主人同意後，應立刻告知廚房準備上菜，並請賓客入座。

5. 賓客入座時，除了由服務人員負責拉開座椅服務賓客入座外，還要注意必須依照賓主的順序進行。

6. 賓客入座後，在倒酒或飲料時，如果有賓客的口布還沒有攤開圍上，服務人員應主動幫忙服務。

7. 上菜時應按賓主順序並由客人的左側端上。如果需要分菜時，服務人員應先從客人的左側送上餐盤，再以左手端菜盤，用右手分菜給客人。

8. 當大多數的客人將餐刀及餐叉併放時，服務人員才可以將餐盤撤離。

9. 宴會中，如果菜餚需要使用到雙手，例如剝蝦殼、剝蟹等，或是吃水果前及用餐完畢時，服務人員都應該送上拭手巾或洗手盅，供客人清潔之用。

10. 客人準備離席時，服務人員應該替客人拉開座椅，並陪同顧客到餐廳門口。

11. 送還客人的衣帽。

12. 禮貌送客。

第六節　客房餐飲服務

　　客房餐飲是旅館或飯店對住宿房客所提供的一種餐飲服務。因為是將房客所需求的餐飲由服務人員送到房客的房間內，讓房客在房間內用餐的一種服務，因此將它稱為「客房餐飲服務」（room service）。

　　一般來說，房客最常在早餐時要求客房餐飲服務，因為一旦房客準備到餐廳用早餐，就必須先梳洗乾淨穿戴整齊，但是如果是在房間內用早餐，則可不必受此拘束，因此，客房早餐也就成為一般旅館或飯店中最常提供的客房餐飲服務。通常早餐的選擇性比較多，其他如午、晚等用餐時間的客房餐飲，則視飯店的等級而定，一般來說，五星級飯店都會提供各用餐時段的客房餐飲服務，但二或三星級飯店，午、晚餐的客房餐飲服務則較不常見。但不論飯店等級如何，午、晚餐通常是以提供較簡便的餐飲為主。

一、客房餐飲的服務方式

客房餐飲主要是房客根據早餐掛單 (door hanger) 或客房菜單 (room service menu) 的內容，透過電話來點餐，它的服務過程可分成二部分。

㈠接受點餐

訂餐接受員在這個部分扮演著重要的的角色，他主要的工作內容如下：

1. 訂餐接受員應在電話鈴三響前接聽，不可以讓房客等候太久。
2. 接起電話後應先問候房客，再說出自己的部門及姓名。
3. 記下房客的房號及姓名。
4. 提供完整的點餐服務，並適時地介紹其他的菜餚。
5. 將房客所點選的餐飲內容重複一遍，以確認無誤。
6. 告知房客烹調所需要的時間及送達時間。
7. 向房客致謝。

㈡送餐服務

服務人員則是在供餐過程扮演著重要的角色，由於客房餐飲服務通常僅有一人為房客提供服務，因此該服務人員必須具備高度的服務技巧及應對能力，他主要的工作內容如下：

1. 服務人員應將供餐時所需要的用品如專用餐車、加熱器、

托盤、使用的餐具及布巾等準備妥當，並且詳細填寫餐具單以作為回收餐具時的核對依據。

2. 將用品及顧客點選的餐飲放置專用餐車或大托盤上。

3. 餐車推送過程中應極為小心，以免餐飲傾倒。

4. 到達指定客房門口時應先輕敲門，等房客回應後才可以開門進入。進入後應該先表明房客所點用的餐飲送到，並詢問房客想在什麼地方用餐。

5. 在房客指定的地點將餐具及食物擺設完成後，請顧客簽帳，道謝後就可離開，不必在旁服務。

6. 一般來說，在供餐約二小時後，就可以再次前往收回餐具等相關物品。回收餐具時服務人員必須核對所收回的餐具是否與餐具單相符合。

二、客房餐飲服務應注意的事項

客房餐飲服務應注意的事項如下：

1. 不論是餐廳顧客所點選的餐飲或是客房房客所點選的餐飲，都應該一視同仁，不可讓房客等候太久。

2. 由於客房距離廚房較遠，因此應該儘速將餐飲送到客房，以免餐食冷掉。

3. 對於易冷卻的熱食或易融化的冷藏食品，應使用保溫或冷藏設備運送。

4. 如果發現餐具短缺或損壞，應委婉地請房客找回或賠賞。如果沒有辦法解決時，應向單位主管報告請求處理。

5. 應謹慎挑選客房餐飲服務人員，並予以訓練及嚴格的要

求，務必提供顧客最完善的服務，同時也可以提升飯店的形象與聲譽。

第七節　飛機上的餐飲服務

一般航空公司通常是和提供飛機上餐飲的空廚餐廳簽約或是自行設置備製食物的空廚來提供飛機上乘客在飛行期間的餐飲需求。飛機上所提供的餐飲內容則會因為飛行時間長短的不同而供應乘客不同的餐飲，一般來說，短程航線通常只供應乘客點心、三明治及飲料等餐飲，但長程航線則會供應乘客正餐等較多種類的食物及飲料，此外同一架客機中所供應的餐飲種類又會因為艙等而有差異。本節將以飛機上的餐飲服務方式、不同艙等的餐食及餐食的處理等三部分做說明。

一、飛機上的餐飲服務方式

由於飛機上的空服人員必須在飛行中的飛機內供應乘客餐飲，因此空服人員必須具備高度的服務技巧才能勝任這項工作，尤其是飛行時間只有四十五至六十分鐘的短程飛行，由於飛行的時間很短，空服人員必須在極有限的時間內完成所有供餐的動作，但又不能讓乘客感到供餐的過程匆促，因此，飛機上的空服人員都必須經過良好而且嚴格的訓練才能培育完成。而航空餐飲的服務方式為：

1.先將準備供應給乘客的餐食一一放在手推車上。

2.將手推車放在座位間的走道上，一方面推動手推車前進，一方面服務乘客提供餐食。

3.餐食是用托盤裝盛供應，並由服務人員將托盤放在乘客座位前的下拉式餐桌上。

4.餐食、咖啡、麵包及飲料等餐飲食品都是一次供應完畢。

5.如果乘客中有素食者、小孩或病人時，他們的餐食必須以特殊的托盤來加以區分。

二、不同艙等的餐飲

飛機上會因為艙等的不同而提供不同的餐食內容，其中最主要的差別是在經濟艙與頭等艙。

㈠經濟艙

航空公司供應經濟艙乘客的餐飲，不但種類相同而且分量一致。這些餐飲通常是放在塑膠製的托盤中，並且使用可拋棄式的餐墊、餐具、餐巾及飲料杯，同時也大量使用一些分裝好的小包調味用品，例如鹽、胡椒、起司、芥末、糖、奶油及果醬等。

㈡頭等艙

航空公司供應頭等艙乘客的餐飲，是相當於五星級飯店或高級西餐廳的餐飲，而且其中有一小部分是可以讓顧客做選擇的。在餐具的使用上，航空公司也會使用較高級的餐具來裝盛餐食，例如使用骨磁杯搭配銀盤等，並且在食物上也會略做裝飾，以創造出用餐時的高雅精緻氣氛。

然而不論是何種艙等，航空公司都會以印有自己公司標誌的餐具來供餐。

三、餐食的處理

　　飛機上所提供的餐飲，每一份的分量必須相等，而且是由空廚事先備製完成再送到飛機上。而餐食的主要處理方式為：

1. 將製備完成並分裝好的餐食經過急速冷凍的步驟後，送到飛機中的廚房（galley）內儲存備用。
2. 飛機上的空服人員在供應乘客餐食前，必須在飛機內的廚房中將餐食重新加熱後，才能供應給乘客食用。

　　因為是以現成食品的方式來供餐，所以提供給乘客的餐食種類有限，因此，乘客對餐飲的選擇受到了限制，但這也成為航空餐飲的一項特色。

第八章　飲料的製備

咖啡的種類與煮泡法
茶的種類與沖泡
冷飲的類別與調製
認識洋酒與國產酒
雞尾酒的調製與服務
酒與食物

今天的餐飲業是結合了「餐食」與「飲料」所形成的產業，而飲料也是餐廳營業中另一個主要收入來源。由於飲料具有成本較低但獲利率卻頗高的產品特性，因此，一般餐廳為了使餐廳更能符合顧客的需求及增加營業收入，除了提供餐食外也會提供各式的飲料供顧客挑選消費。

近年來由於人們飲食消費習慣的改變，飲料不再只是餐廳的配角，它已成為可以單獨存在的產品，從較早期的酒吧、茶藝館及泡沫紅茶店，到最近如雨後春筍般出現的各式連鎖或獨立經營的咖啡廳，這些都是以「飲料」為主要供應產品的飲料店。

一般我們可從飲料是否含有酒精成分，將飲料區分成「酒精性飲料」及「非酒精性飲料」二種。其中各式洋酒、國產酒及雞尾酒等都是屬於酒精性飲料；而咖啡、茶、果汁等則屬於非酒精性飲料。本章將針對上述各式飲料的種類及調製方法做介紹，希望讀者能對各種飲料的製備有基本的概念與認識。

第一節　咖啡的種類與煮泡法

受到西方文化的影響，國人對咖啡的接受與喜愛程度與日俱增，由於咖啡總是令人聯想到午後輕鬆的偷閒時光，所以喝杯咖啡不但能讓緊張的心情放鬆，同時因為咖啡本身也具有提神效果，因此能達到振奮精神的功效。再加上目前到處林立的咖啡廳，不但提供了一般大眾休憩聚會的好地方，更使得咖啡逐漸融入人們的日常生活當中。

一、咖啡的起源

　　咖啡的由來一直有著一個很有趣的傳說。傳說在六世紀時，阿拉伯人在依索比亞草原牧羊，有一天，發現羊兒在吃了一種野生的紅色果實後，突然變得很興奮，又蹦又跳的，引起了阿拉伯人的注意，而這個紅色的果實就是今天的咖啡果實。

　　歷史上最早介紹並記載咖啡的文獻，是在西元九八〇至一〇三八年間，由阿拉伯哲學家阿比沙納所著。在西元一四七〇至一四七五年間，由於回教聖地麥加的當地居民都有喝咖啡的習慣，因此影響了前往朝聖的各國回教徒，這些回教徒將咖啡帶回自己的國家，使得咖啡在土耳其、敘利亞、開羅、埃及等國逐漸流傳開來。而全世界第一家咖啡專門店則是在西元一五四四年的伊斯坦堡誕生，這也是現代咖啡廳的先驅。之後，在西元一六一七年咖啡傳到了義大利，接著傳入英國、法國、德國等國家。

二、咖啡的品種

　　咖啡是一種喜愛高溫潮濕的熱帶性植物，適合栽種在南、北回歸線之間的地區，因此我們又將這個區域稱爲「咖啡帶」。一般來說，咖啡大多是栽種在山坡地上，而咖啡從播種成長到開始可以結果，約需要四至五年的時間，而從開花到果實成熟則約需要六至八個月的時間。由於咖啡果實成熟時的顏色是鮮紅色，而且形狀與櫻桃相似，所以又被稱爲「咖啡櫻桃」。目前咖啡的品種有阿拉比卡（Arabica）、羅布斯塔（Robusta）及利比利卡（Liberica）等三種。

■ 阿拉比卡

由於阿拉比卡品種的咖啡比較能夠適應不同的土壤與氣候，而且咖啡豆不論是在香味或品質上都比其他二個品種優秀，所以不但歷史最悠久，同時也是三品種中栽培量最大的咖啡，產量也高居全球產量的80%。主要的栽培地區有巴西、哥倫比亞、瓜地馬拉、依索比亞、牙買加等地。

■ 羅布斯塔

大多栽種在印尼爪哇島等熱帶地區，羅布斯塔頗能耐乾旱及蟲害，但咖啡豆的品質較差，大多是用來製造即溶咖啡。

■ 利比利卡

利比利卡因為很容易得到病蟲害，所以產量很少，而且豆子的口味也太酸，因此大多只供研究使用。

因此我們可以知道，一般我們較常見的咖啡豆是以阿拉比卡及羅布斯塔二種為主，而這二種咖啡豆可以簡單利用下面二種方法來區分：

1. 豆子的形狀：阿拉比卡咖啡豆的外形是屬於較細長的橢圓形，而羅布斯塔咖啡豆則是屬於較矮胖的圓形。如**圖8-1**所示。

2. 味道：阿拉比卡咖啡豆的味道偏酸，而羅布斯塔咖啡豆的

阿拉比卡　　　　　　　　羅布斯塔

圖 8-1　阿拉比卡與羅布斯塔咖啡豆的外觀

味道則偏苦。

三、咖啡的種類

由於栽培環境的緯度、氣候及土壤等因素的不同，使得咖啡豆的風味產生了不同的變化，一般常見的咖啡豆種類有：

■ 藍山

藍山咖啡是咖啡豆中的極品，所沖泡出的咖啡香醇滑口，口感非常的細緻。主要生產在印度群島牙買加的高山上，由於產量有限，因此價格比其他咖啡豆昂貴。而藍山咖啡豆的主要特徵是豆子比其他種類的咖啡豆要大。

■ 曼特寧

曼特寧咖啡的風味香濃，口感苦醇，但是不帶酸味。由於口味很強，很適合單品飲用，同時也是調配綜合咖啡的理想種類。主要產於印尼、蘇門答臘等地。

■ 摩卡

摩卡咖啡的風味獨特，甘酸中帶有巧克力的味道，適合單品飲用，也是調配綜合咖啡的理想種類。目前以葉門所生產的摩卡咖啡品質最好，其次則是依索比亞的摩卡。

■ 牙買加

牙買加咖啡僅次於藍山咖啡，風味清香優雅，口感醇厚，甘中帶酸，味道獨樹一格。

■ 哥倫比亞

哥倫比亞咖啡香醇厚實，帶點微酸但是勁道十足，並有奇特的地瓜皮風味，品質與香味穩定，因此可用來調配綜合咖啡或加

強其他咖啡的香味。

■ 巴西聖多斯

　　巴西聖多斯咖啡香味溫和,口感略微甘苦,屬於中性咖啡豆。是調配綜合咖啡不可缺少的咖啡豆種類。

■ 瓜地馬拉

　　瓜地馬拉咖啡芳香甘醇,口味微酸,屬於中性咖啡豆。與哥倫比亞咖啡的風味極為相似,也是調配綜合咖啡的理想的咖啡豆種類。

■ 綜合咖啡

　　綜合咖啡主要是指二種以上的咖啡豆,依照一定的比例混合而成的咖啡豆。由於綜合咖啡可擷取不同咖啡豆的特點於一身,因此,經過精心調配的咖啡豆也可以沖泡出品質極佳的咖啡。**表8-1**則說明了各種類咖啡豆的產地與特性。

表 8-1　各種類咖啡產地與特性一覽表

咖啡豆種類	產　地	酸	甘	苦	醇	香
				風　味　特　性		
藍山	牙買加	○	★		★	★
曼特寧	印尼			★	★	★
摩卡	依索比亞	★	◎		★	★
牙買加	牙買加	◎	◎	◎	★	◎
哥倫比亞	哥倫比亞	◎	◎	○	★	★
巴西聖多斯	巴西	○	◎	◎		◎
瓜地馬拉	瓜地馬拉	◎	◎	○	◎	◎

★:表示特性強,◎:表示特性中等,○:表示特性弱

四、咖啡豆的烘培

咖啡豆必須藉由烘培的過程才能夠呈現出不同咖啡豆本身所具有的獨特芳香、味道與色澤。烘培咖啡豆簡單的說就是炒生咖啡豆，而用來炒的生咖啡豆實際上只是咖啡果實中的種子部分，因此，我們必須先將果實的果皮及果肉去除後才能得到我們想要的生咖啡豆。如圖8-2所示。

生咖啡豆的顏色是淡綠色的，經過烘培加熱後，就可使豆子的顏色產生改變，烘培的時間愈長，咖啡豆的顏色就會由淺褐色轉變成深褐色，甚至變成黑褐色。咖啡豆烘培的方式與中國「爆米香」的方法類似，首先必須將生咖啡豆完全加熱，讓豆子彈跳起來，當熱度完全滲透進入咖啡豆內部，咖啡豆充分膨脹後，便會開始散發出特有的香味。

咖啡豆的烘培熟度大致可分為淺培、中培及深培三種。至於要採用哪一種烘培度，則必須依據咖啡豆的種類、特性及用途等因素來決定。一般來說，淺培的咖啡豆，豆子的顏色較淺，味道較酸；而中培的咖啡豆，豆子顏色比淺培豆略深，但酸味與苦味

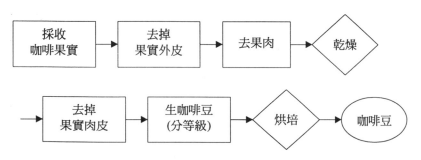

圖 8-2　咖啡豆的形成過程

適中,恰到好處;深培的咖啡豆,由於烘培時間較長,熟度較熟,因此豆子的顏色最深,而味道則是以濃苦為主。如**表8-2**所示。

五、咖啡的煮泡法

一般餐廳或咖啡專賣店最常使用的咖啡煮泡法可分為虹吸式、過濾式及蒸氣加壓式等三種煮泡方式。

㈠虹吸式

虹吸式煮泡法主要是利用蒸氣壓力造成虹吸作用來煮泡咖啡。由於它可以依據不同咖啡豆的熟度及研磨的粗細來控制煮咖啡的時間,還可以控制咖啡的口感與色澤,因此是三種沖泡方式中最需具備專業技巧的煮泡方式。

■ 煮泡器具

虹吸式煮泡設備包括了玻璃製的過濾壺及蒸餾壺、過濾器、酒精燈及攪拌棒,如**圖8-3**。而器具規格可分為沖一杯、三杯或五杯等三種。

表 8-2　咖啡豆烘培度特性一覽表

項目 ＼ 烘培度	淺培	中培	深培
烘培時間	短	中	長
咖啡豆顏色	淺褐色	褐色	深褐色
咖啡口味	較酸	酸苦適中	較苦
咖啡濃度	薄	適中	濃

■ 操作方法

　　主要操作程序如下（圖8-3）：

1.先將過濾器裝置在過濾壺中，並將過濾器上的彈簧鉤鉤牢
　在過濾壺上。

2.蒸餾壺中注入適量的水。

3.點燃酒精燈開始煮水。

4.將研磨好的咖啡粉倒入過濾壺中，再輕輕地插入蒸餾壺
　中，但不要扣緊。

5.當水煮沸後，就將過濾壺與蒸餾壺相互扣緊，扣緊後就會
　產生虹吸作用，使蒸餾壺中的水往上升，升到過濾壺中與
　咖啡粉混合。

6.適時使用攪拌棒輕輕地攪拌，讓水與咖啡粉充分混合。

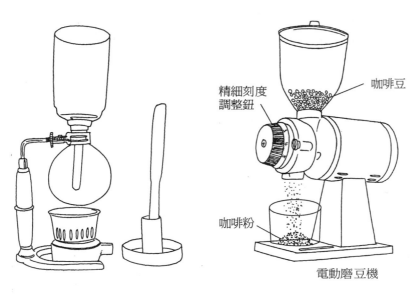

咖啡豆

精細刻度
調整鈕

咖啡粉

電動磨豆機

圖8-3　虹吸式煮泡設備及煮泡方法

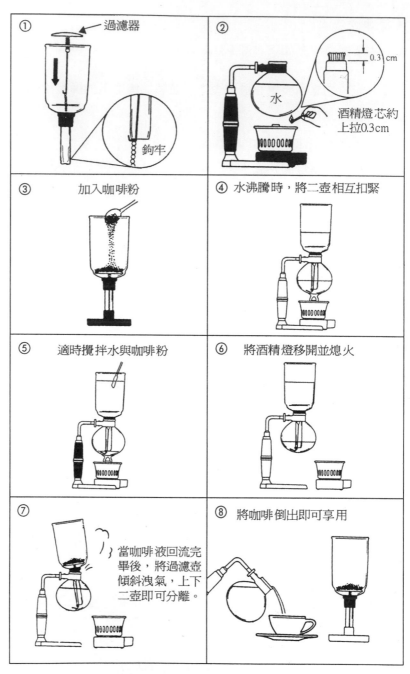

① 過濾器

鉤牢

② 酒精燈芯約
上拉0.3cm

0.3 cm

水

③ 加入咖啡粉

④ 水沸騰時,將二壺相互扣緊

⑤ 適時攪拌水與咖啡粉

⑥ 將酒精燈移開並熄火

⑦ 當咖啡液回流完
畢後,將過濾壺
傾斜洩氣,上下
二壺即可分離。

⑧ 將咖啡倒出即可享用

(續)圖8-3　虹吸式煮泡設備及煮泡方法

7.約四十至五十秒鐘後，將酒精燈移開熄火。

8.酒精燈移開後，蒸餾壺的壓力降低，過濾壺中的咖啡液就
  會經過過濾器回流到蒸餾壺中，咖啡液回流完畢後，就是
  香濃美味的咖啡。

■ 注意事項

　　由於咖啡豆的熟度與研磨的粗細都會影響咖啡煮泡的時間，
因此愈專業的咖啡吧檯師傅，就愈能掌握煮泡咖啡所需要的時
間，以充分展現出不同咖啡的特色。而我們大略依據前面所介紹
過的三種不同烘培熟度的咖啡豆，以**表8-3**來簡略說明烘培熟
度、研磨粗細與煮泡時間的關係。

㈡過濾式

　　過濾式咖啡主要是利用濾紙或濾網來過濾咖啡液。而根據所
使用的器具又可分為「日式過濾咖啡」與「美式過濾咖啡」二種。

■ 日式過濾咖啡

　　日式過濾咖啡主要是用水壺直接將水沖進咖啡粉中，經過濾
紙過濾後所得到的咖啡。所以又稱做沖泡式咖啡。

表 8-3　咖啡熟度、研磨粗細與煮泡時間關係一覽表

項目＼熟度	淺培豆	中培豆	深培豆
研磨粗細	3 號	4 號	5 號
煮泡時間	約 1 分鐘	約 50 秒	約 40 秒

註：研磨粗細是以咖啡豆研磨機的粗細調整鈕為依據。

・沖泡器具

漏斗型上杯座（座底有三個小洞）、咖啡壺、濾紙及水壺。如**圖8-4**。所使用的濾紙有101、102及103等三種型號，可配合不同大小的上杯座使用。

・操作方法

主要操作程序如下：

1.先將濾紙放入上杯座中，並用水略微弄濕，讓濾紙固定。
2.將研磨好的咖啡粉倒入上杯座中。
3.將上杯座與咖啡壺結合擺妥。
4.用水壺直接將沸水由外往內以畫圈圈的方式澆入，務必讓所有的咖啡粉都能與沸水接觸。
5.咖啡液經由濾紙由上杯座下的小洞滴入咖啡壺中，滴入完畢即可飲用。

圖8-4　日式過濾咖啡沖泡設備

．注意事項

1.由於咖啡粉與水接觸的時間比較短，因此應該選用中培以
  上的咖啡豆較佳，如果使用淺培咖啡豆會泡不出咖啡的味
  道。

2.水壺口的出水量必須一致。

3.這種方式所沖泡出來的咖啡不宜久放，因此，宜採用現點
  現沖的方式較佳。

■ 美式過濾咖啡

　　美式過濾式咖啡主要是利用電動咖啡機自動沖泡過濾而成。
機器又可分為家庭用及營業用兩種。但不論是哪一種機器，它的
操作原理是相同的。由於美式過濾咖啡可以事先沖泡保溫備用，
而且操作簡單方便，因此頗受一般大眾的喜愛。

．煮泡器具

　　美式電動咖啡機一台。咖啡機有自動煮水、自動沖泡過濾及
保溫等功能，並附有裝盛咖啡液的咖啡壺。機器所使用的過濾裝
製大多是可以重複使用的濾網，如圖8-5。

．操作方式

　　主要操作程序如下（圖8-5）：

1.在容水器中注入適量的用水。

2.將咖啡豆研磨成粉，倒入濾網中。

3.將蓋子蓋上，開啓電源，機器便開始煮水。

4.當水沸騰後，會自動滴入濾網中，與咖啡粉混合後，再滴
  入咖啡壺內。

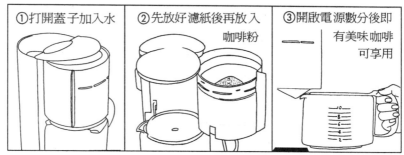

①打開蓋子加入水　　②先放好濾紙後再放入　　③開啟電源數分後即
　　　　　　　　　　　　咖啡粉　　　　　　　　　有美味咖啡
　　　　　　　　　　　　　　　　　　　　　　　　可享用

圖8-5　美式過濾咖啡煮泡機具及煮泡方法

‧注意事項

　1.煮好的咖啡由於處在保溫的狀態下，因此不宜放置太久，
　　否則咖啡會變質變酸。

　2.不宜使用太深培的咖啡豆，否則在保溫的過程中會使咖啡
　　產生焦苦味。

㈢蒸氣加壓式

　　蒸氣加壓式咖啡主要是利用蒸氣加壓的原理，讓熱水經過咖啡粉後再噴至壺中形成咖啡液。由於這種方式所煮出來的咖啡濃度較高，因此又被稱濃縮式咖啡，就是一般大眾所熟知的expresso咖啡。

■ 煮泡器具

　　蒸氣咖啡壺一套。主要包括了上壺、下壺、漏斗杯等三大部，此外還附有一個墊片，墊片主要是用來壓實咖啡粉。如圖8-6。

■ 操作方式

　　主要操作程序如下：

　　1.先在下壺中注入適量的用水。

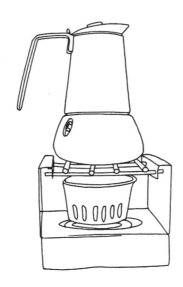

圖8-6　蒸氣咖啡壺

2. 再將研磨好的咖啡粉倒入漏斗杯中，並用墊片確實壓緊後，放進下壺中。

3. 將上、下二壺確實栓緊。

4. 整組咖啡壺移到熱源上加熱，當下壺的水煮沸時，蒸氣會先經過咖啡粉後再衝到上壺並噴出咖啡液。

5. 當上壺開始有蒸氣溢出時，表示咖啡已煮泡完成。

■ 注意事項

1. 咖啡粉一定要確實壓緊，否則水蒸氣經過咖啡粉的時間太短，會使煮出來的咖啡濃度不足。

2. 若煮泡一人份的濃縮咖啡時，因為咖啡粉沒有辦法放滿漏斗杯，因此可將墊片放在咖啡粉上，不取出，以確保咖啡粉的緊實。

3. 由於濃縮咖啡強調的是咖啡的濃厚風味，所以應該使用深培的咖啡豆。

六、其他注意事項

其他注意事項有：

1. 冷掉的咖啡不可以再次加熱飲用。

2. 咖啡的殘渣不可重複使用。

3. 所有使用過的器具，一定要徹底清洗乾淨。其中過濾器部分，不可用清潔劑的化學用品清洗，以免留下味道。

4. 咖啡豆應放在密封罐或密封袋中，以保持新鮮。

5. 咖啡豆的保存期限約為三個月，而咖啡粉只能保存一至二

星期。

第二節　茶的種類與沖泡

　　中國人是最早有喝茶習慣的民族，並對茶葉的栽種、製作及沖泡均有相當的研究。從唐代陸羽所著的《茶經》就可以看出中國人對飲茶的講究。茶樹主要是生長在溫暖潮濕的亞熱帶地區或熱帶高緯度地區，一般多栽種在山坡地上，主要分布的地區包括中國、日本、印尼、印度、土耳其、阿根廷、斯里蘭卡及肯亞等地。

一、茶的種類

　　茶葉的種類主要可依據茶葉的發酵程度區分爲不發酵茶、部分發酵茶及全發酵茶等三種。這三種茶不論在製造過程、茶葉外觀及茶湯口感都各具特色。如**表8-4**所示。

㈠不發酵茶

　　就是在茶葉的製造過程中不經發酵步驟的茶葉。我們所熟知的綠茶、龍井茶、碧螺春等都是屬於不發酵茶。不發酵茶的茶湯呈黃綠色，同時茶湯散發著自然的清香。不發酵茶的主要製造步驟有三：

■ 殺菁

　　將剛採摘下來的新鮮茶葉，也就是茶菁，利用高溫炒熟或蒸

表 8-4　各類茶葉特色一覽表

項目 \ 發酵程度	不發酵茶	部分發酵茶			全發酵茶
		輕發酵茶	中發酵茶	重發酵茶	
發酵程度	0%	30%	40%	70%	90%以上
代表茶品	龍井茶	凍頂茶	鐵觀音	白毫烏龍	紅茶
茶葉外觀	劍片狀	捲曲半球狀	捲曲球狀	自然彎曲	細（碎）條狀
茶葉顏色	綠中白	綠色	綠中帶褐	紅、白、黃三色相間	黑褐色
茶湯色澤	黃綠色	金黃色至黃褐色	褐色	琥珀色	紅棕色
茶湯香味	青草香	花香	堅果香	熟果香	麥芽香
茶湯口感	清鮮甘爽	甘醇，芳香與喉韻兼具。	甘滑味濃，略帶果酸味。	厚濃，甘醇溫潤。	微甜，口味多
特性	含有豐富的維他命C。	偏重在口與鼻的感受。	厚重具有老成的氣質。	不論是茶葉外觀或茶湯色澤美，溫潤優雅有「東方美人」之稱。	可做不同之變化，口味多，冷熱飲皆宜。

資料來源：《最新餐飲概論》，蘇芳基編著。

熟的過程就叫做「殺菁」。殺菁的主要作用是在破壞茶葉中的酵素，讓茶葉中止發酵，除此之外還可以達到減少茶葉的含水量、去除茶菁的生味及軟化茶葉組織以利揉捻的進行。

■ 揉捻

將殺菁後的茶葉送進揉捻機中，利用機器的力量讓茶葉轉動，互相摩擦搓揉。揉捻的主要作用是在破壞茶葉的組織細胞，讓汁液沾附在茶葉表面，讓茶葉在沖泡時容易泡出味道，其次則是可以讓茶葉捲曲成條狀或搓揉成球狀，減少茶葉的體積，以方便包裝、儲存及運送。

■ 乾燥

再次利用高溫處理，以徹底破壞殘留在茶葉中的酵素，讓茶葉的品質固定。同時，再次的高溫處理，還可使茶葉中的水分含量再降低，讓茶葉更加收縮結實，成爲茶乾的狀態，更有利於長時間的保存。

㈡部分發酵茶

部分發酵茶是指在茶葉殺菁前，加入萎凋及發酵的步驟。由於剛採摘下來的茶菁，茶葉細胞中含有高達75～85％的水分，經過萎凋的過程，能讓茶菁中的水分大量蒸發，而在萎凋過程中由於需要不斷地攪動茶葉，會使葉子間產生摩擦，造成部分細胞的破損，使茶葉細胞中的成分與空氣接觸，而產生氧化作用，這就是所謂的發酵。

部分發酵茶則是在茶葉發酵程度還未到達100％時就進行殺菁的步驟。由於部分發酵茶的製作方法頗爲複雜，因此能夠製造出較高級的茶葉，這也是中國製茶中最具特色的茶品種類。部分發酵茶依發酵程度又可大致區分成輕發酵茶、中發酵茶及重發酵

茶等三種。一般我們熟知的凍頂茶、包種茶是屬於輕發酵茶；鐵觀音則是中發酵茶；白毫烏龍則是重發酵茶。

(三)全發酵茶

　　全發酵茶則是指茶葉在萎凋後不經殺菁的步驟，而直接揉捻、發酵及乾燥。由於茶菁的發酵程度高達90％以上，因此茶湯較沒有澀味，反而是溫潤滑口並且有麥芽香，全發酵茶也很適合用來製成加味茶。紅茶則是全發酵茶的代表茶品。**圖8-7**為此三種茶的製作過程示意圖。

二、泡茶的用具

　　中國人喝茶從最初是為了解渴，一直到現在，把喝茶當成是一門藝術的品茗及茶藝，在這過程中，不但提升了茶葉的製造技術，同時對茶具的使用也日趨講究。以不同的胚土製成的茶壺，最主要的目的是希望能將茶葉的特色，發揮得淋漓盡致。而除了茶壺之外，泡茶時的茶具還包括了茶杯、茶船、濾網、茶海、茶匙及茶巾等。如**圖8-8**。

	萎凋	發酵	殺菁	揉捻	發酵	乾燥
不發酵茶			→	→		→
部分發酵茶	→	→	→	→		→
全發酵茶	→	→		→	→	→

圖 8-7　三大茶葉的製作過程

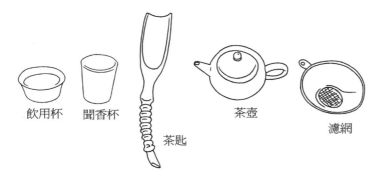

飲用杯　　聞香杯

茶匙

茶壺

濾網

圖8-8　泡茶時所使用的茶具種類

■ 茶杯

一般喝茶時的茶杯又可細分為二種：

1. 聞香杯：主要是讓品茗者方便聞茶湯的香氣所使用的杯子。這種杯子杯口較窄，杯身瘦高，能將香氣集中，方便聞香。一般而言，是由主泡者將茶湯先倒入聞香杯中，再由品茗者將茶湯倒入飲用杯中，而聞香，則是聞餘留在聞香杯中的茶香。

2. 飲用杯：杯口較寬，杯身較矮，可免除品茗者在飲用時頭部過度後仰所造成的不便。

■ 茶船

用來裝茶壺及茶杯的器皿，它具有防止沖熱水時熱水濺出燙傷桌面的功能，同時還可以讓茶壺及茶杯保持溫熱。

■ 濾網

多為金屬製，成漏斗狀，底部有極細緻的濾網，放在茶海上。主要目的是為了濾掉茶湯中細碎的茶渣，使茶湯更清澈。

■ 茶海

　　整體的造型略成葫蘆狀，有把手，開口處呈尖嘴造型，方便分茶時使用。主要是用來裝盛沖泡好的茶湯，除了可讓茶壺繼續沖泡外，還可避免茶葉沖泡過久而使茶湯變味。

■ 茶匙

　　主要是用來填裝茶壺的茶葉時使用。

■ 茶巾

　　在泡茶過程中為了拭乾壺身及其他用具所使用的布巾稱為茶巾。

三、泡茶的三要素

　　同樣的茶會因為沖泡者的技術不同而產生差異。因此，要泡出一壺好茶除了要有好茶、好水及好茶具外，還需要有精練的泡茶技巧，也就是對茶葉的用量、沖泡時的水溫及沖泡的時間等泡茶三要素要能拿揑得當，才能真正泡出一壺好茶。

㈠茶葉的用量

　　以同一只茶壺來泡茶，就能看出茶葉用量的不同對茶湯濃淡的影響。當水多茶少時，茶湯的口感會變淡；而水少茶多時，不但會讓茶葉無法完全膨脹伸展開來，也會使茶湯的口感變得太濃而產生苦澀味。

　　1.小茶壺：一般來說，茶葉的用量以放滿⅓～½壺為原則。但若是外型較鬆散的茶葉，就要放到七至八分滿才行，反之，若是外型較結實的茶葉，則只要放⅓滿即可。

2.大茶壺：大茶壺的茶葉用量與水的比例約為1：50。

㈡沖泡的水溫

　　一般大眾的觀念中，總是認為泡茶一定要用剛煮沸的水來泡茶才能泡出茶的味道，其實這並不是一個很正確的觀念。泡茶用的水一定要煮沸才行，但泡茶時的水溫卻不一定都是用到100℃的熱水，因為泡茶用水的溫度會隨著茶葉種類的不同而有所差異，一般來說，茶葉愈嫩愈綠，沖泡的溫度就不宜太高。如**表8-5**所示。

1. 不發酵茶：例如綠茶、龍井等茶葉，沖泡的水溫不宜過高，大約用75℃左右的水來沖泡最佳。如果水溫太高，不但會破壞茶葉中所含的維他命C，也會讓茶湯變苦。
2. 輕發酵茶、芽尖類的茶葉，及茶心比較細嫩的茶葉，這些茶葉沖泡時的水溫約在85℃左右為宜。
3. 中發酵以上的茶葉、外型結實的茶葉、培火較重的茶葉及陳年茶，這些茶葉則是以95℃以上的水溫沖泡較佳。

表 8-5　水溫與茶葉的關係

水溫	75℃以下	85℃左右	95℃以上
適宜的 茶葉種類	・不發酵茶	・輕發酵茶 ・芽尖類茶 ・茶心較細嫩的茶葉	・中發酵以上的茶葉 ・外型結實的茶葉 ・培火較重的茶葉 ・陳年茶

㈢沖泡的時間

沖泡的時間可分爲小茶壺及大茶壺二種。

1. 小茶壺：第一泡的時間約爲五十秒左右即可倒出，第二泡以後，則是每泡一次就要增加十五至二十秒，這樣前後所泡出來的茶湯濃度才會一致。而每一泡茶必須把茶湯完全倒出後，才可以再沖入熱水，以免茶湯味道變苦，影響本身應有的風味。
2. 大茶壺：由於以泡一次爲原則，且用水量較大，因此以浸泡五至六分鐘爲宜。

四、茶葉的沖泡方式

茶葉的沖泡方式很多，我們僅就差異性最大的三種沖泡方式加以介紹說明，讓讀者對茶葉的沖泡方式能有基本的認識。

㈠蓋碗沖泡法

所謂「蓋碗」就是指在短時間內，單次使用的簡便茶具。

■ 沖泡用具

蓋碗沖泡法的用具包括了杯碗及碗蓋。如圖8-9。

■ 沖泡方式

主要沖泡程序如下：

1. 溫碗：將碗先用熱水燙過，以免熱水注入後溫度降低，影響茶湯的風味。

圖8-9 蓋碗泡茶茶具

2. 置茶：拿取茶葉放入蓋碗中。茶葉的用量則視茶葉的形狀而定，若茶葉為半球形則約置⅓滿；若是條狀則約放七、八分滿。

3. 注水：以適合茶葉溫度的熱水注入碗中，注水時應以繞圈圈的方式澆注，讓茶葉能全部濕透，而注入的水量以蓋上杯蓋後茶湯不會溢出為原則。

4. 賞茶：沖泡適當時間後，可將蓋子掀開，並利用蓋子前後撥動茶葉，一方面可聞茶香及欣賞茶湯的色澤，另一方面可使茶湯濃度均勻。

5. 享茶：一手拿碗，一手按住碗蓋，並留下一條細縫，讓茶湯流出飲用，並可藉此濾掉茶渣。

■ 注意事項

1. 這種沖泡方式適合輕發酵茶類、香氣較重或具清香的茶類。

2. 以中、低溫沖泡較適合。

㈡宜興式沖泡法

宜興式沖泡法是一種比較講究沖泡流程的泡茶方式，而這種沖泡方式也比較適合用來沖泡高級的茶類。

■ 沖泡用具

沖泡用具包括了茶壺、茶杯、茶船、濾網、茶海、茶匙及茶巾等。

■ 沖泡方式

主要沖泡程序如下：

1. 溫壺：就是先將熱水注入茶壺中，約八分滿，再將茶壺內的水倒進茶船中。也就是先讓壺身溫熱的意思。

2. 置茶：利用茶匙取適量的茶葉放入茶壺中。

3. 溫潤泡：將熱水注滿茶壺後，蓋上蓋子立刻將茶湯倒入茶海中。溫潤泡主要是讓茶葉先吸收溫度與濕度，這樣才能使第一泡茶完全展現出應有的特色。

4. 溫茶海及溫杯：溫潤泡的茶湯是不飲用的，而倒入茶海的主要目的是為了溫茶海，之後，再利用茶海將茶湯分別倒進杯中，繼續用來溫杯。溫茶海及溫杯都是為了避免第一泡的茶湯倒入時因溫度降低而影響茶的風味。

5. 第一泡：上述的準備動作完成後，就可以開始正式泡茶。而第一次將熱水注入茶壺中所沖泡出來的茶湯我們將它稱為「第一泡」。

6. 倒茶：將茶壺提起，為避免壺底的水滴滴入茶海中，可先用茶巾沾拭壺底或將壺底在茶船邊緣繞一圈，之後，再將茶湯倒入茶海中。

7.分茶：為了使茶湯的濃淡均勻，用茶海分茶時應以一次少許分別輪流地倒入茶杯中為宜。每杯倒至八、九分滿時即可停止分茶的動作。如果使用聞香杯，茶湯則應先倒入聞香杯中，再由飲用者自行倒入飲用杯中飲用。

■ 注意事項

　　一泡茶葉最多沖泡五至六次，如果繼續沖泡，茶湯的味道會變得很淡薄。應更換新的茶葉之後再繼續沖泡。

㈢大茶壺沖泡法

　　這種沖泡方式適合一次供應較多人飲用時使用。它的沖泡方法如下：

1.以大茶壺先燒一壺熱開水。
2.等熱水溫度調整到所需的溫度時放入適量的茶葉。
3.由於使用的水量比其他的沖泡方式多，因此所需要的沖泡時間較長，約需沖泡五至六分鐘。
4.沖泡完成後可將茶湯倒入另一只茶壺內或直接倒出飲用皆可。大茶壺的沖泡方式，茶葉以沖泡一次為宜，若勉強要沖第二次，則用水量應減半，否則茶湯會變得很稀薄。

五、茶葉的選購

　　茶葉品質的好壞直接影響了茶湯的風味，因此在選購茶葉時，應謹慎挑選。一般選購茶葉時我們可從下列三方面來判斷茶葉的好壞。

㈠茶葉的外形

從茶葉的外形我們可以判斷出茶葉的好壞。

1. 葉形是否完整、結實且顏色光亮。
2. 茶葉中沒有太多的雜質、茶梗及黃葉。
3. 新鮮的茶葉乾燥度必須足夠,因此我們可以用手搓揉茶葉,如果可以輕易揉碎且搓揉時聲音清脆,就是新鮮的茶葉。
4. 聞聞茶葉的茶香,如果聞到焦味、菁臭味或其他異味都是不好的茶葉。

㈡試泡

通常茶行都會提供茶具替顧客試泡想購買的茶葉或促銷店內的茶葉。而從試泡時茶湯所散發出來的香味、色澤及品茗時的口感,都是判斷茶葉好壞與否的依據。

1. 茶湯的香氣是否清新怡人,如果具有明顯的花香或果香更佳。
2. 茶湯的色澤必須清澈明亮,不可混濁灰暗。
3. 茶湯入口滑順,喝完後口齒留香,喉頭甘潤。
4. 聞香杯中的香氣如果能久滯不散就是佳品。

㈢觀葉底

葉底指的就是沖泡過的茶葉。而觀葉底就是從觀察沖泡開的茶葉來判斷茶葉的好壞。

1. 觀看葉底是否完整。

2. 觀看葉底的顏色是否新鮮。如龍井葉底應該是青翠的淡綠色。

3. 葉底是否柔嫩並具有韌性，是否不易被搓破。

選購茶葉時，只要能確實掌握住上述的三個重點，就一定能夠挑選出自己喜愛的好茶葉。

第三節　冷飲的類別與調製

在台灣，四季並不是很分明，氣候上的主要差別在於氣溫的冷熱變化而已，再加上台灣位於亞熱帶地區，因此夏季的氣溫通常偏高，而且在一年之中占有較長的時間。為了消除酷夏的炎熱，不論是各式冰涼的包裝飲料或是自製的清涼飲品，都廣受一般大眾的喜愛。本節將就目前市場中的飲料種類及自製飲品的調製方法加以介紹說明。

一、飲料的類別

目前市場上的飲料種類繁多，除了在口味上做變化之外，近年來，受到國民生活水準的提高，國民對身體健康的日益重視，使得飲料也逐漸以「健康」為主要的改變訴求，紛紛以健康飲料的觀念重新定位飲料的角色。而目前市場中的飲料大致可分為七大類，如表8-6。

表 8-6　飲料分類一覽表

項目	飲料分類	代 表 性 產 品	
1	碳酸飲料	汽水：白汽水、各種口味汽水	
		沙士	
		可樂	
		西打	
2	果蔬汁飲料	果菜汁、柳橙汁、芭樂汁、蘆筍汁、葡萄柚汁、蘋果汁等	
3	乳品飲料	鮮乳：全脂鮮乳、低脂鮮乳等	
		調味乳：蘋果調味乳、巧克力調味乳、咖啡調味乳、麥芽調味乳等	
		發酵乳	稀釋發酵乳：養樂多、多采多姿等
			優酪乳
			固狀發酵乳：優格等
4	機能性飲料	纖維飲料、Oligo 寡糖飲料、維他命 C 飲料、β-胡蘿蔔素飲料、鐵鈣鎂飲料及運動飲料等	
5	茶類飲料	中式茶類飲料：烏龍茶、綠茶及麥茶等	
		西式茶類飲料：紅茶、奶茶及果茶等	
6	咖啡飲料	調合式咖啡	
		單品咖啡：藍山、曼特寧等	
7	包裝飲用水	礦泉水、蒸餾水、冰川水	

資料來源：《台灣地區飲料產業五年展望報告》，環球經濟社。

㈠碳酸飲料

　　碳酸飲料的主要特色是將二氧化碳氣體與不同的香料、水分、糖漿及色素結合在一起所形成的氣泡式飲料。由於冰涼的碳酸飲料飲用時口感十足，因此很受年輕朋友的喜愛。較爲一般大衆所熟知的碳酸飲料有可樂、汽水、沙士及西打等。

㈡果蔬汁飲料

　　果蔬汁飲料主要是以水果及蔬菜類植物等爲製造時的原料。由於台灣地處亞熱帶，很適合各類蔬果的生長，再加上台灣傑出的農業技術，使得蔬果的產量極爲豐富，目前國內果蔬汁的製造原料有高達七成是自行生產的蔬果，只有二成左右是進口原料。而果蔬汁飲料又可分爲二類：

1. 以濃縮果汁爲主原料，經過稀釋後再包裝銷售的飲料，主要產品有柳橙汁、葡萄汁及檸檬汁等。
2. 以新鮮水果直接榨取原汁爲主原料，主要產品有芒果汁、番茄汁、蘆筍汁及綜合果汁等。

　　由於水果與蔬菜含有豐富的維他命及礦物質，因此自然健康的形象早已深植人心，而這也使得果蔬汁飲料能很輕易地獲得消費大衆的認同，尤其是純度高的果蔬汁飲料，更是爲一般大衆所喜愛。

㈢乳品飲料

　　乳品飲料的營養價值極高，它除了含有維他命及礦物質外，更含有豐富的蛋白質、脂肪及鈣質等營養成分。這使得乳品飲料

逐漸從飲料的身分蛻變成營養食品的角色，同時也被一般大眾認為是攝取營養元素的來源之一。而業者也從早期的純鮮乳與調味乳，配合營養健康觀念，研究發展出廣受婦女喜愛的低脂乳品及發酵乳等新產品。乳品飲料與一般飲料除了前面所提到的差異外，它的保存期限較短且極為重視新鮮度的特性，也和一般飲料有很大的不同。

㈣機能性飲料

機能性飲料除了滿足消費者「解渴」與「好喝」的需求外，更以能為消費者補充營養、消除疲勞、恢復精神體力或幫助消化等為號召，來提高飲料的附加價值。目前市場中的機能性飲料可依它們所強調的特色分為：

■ 有益消化型飲料

有益消化型飲料在產品中的主要添加物有二種，一是以添加人工合成纖維素，增加消費者對纖維素的攝取，來達到幫助消化的目的。另一種則是添加可使大腸內幫助消化的bufidus菌活性化的oligo寡糖，來達到促進消化的目的。

■ 營養補充型飲料

現代人由於生活忙碌，因此造成飲食不正常而導致營養攝取的不均衡。為了滿足消費者對特定營養素的需求，業者開始在飲料中添加不同的元素，最常見的有維他命C、β-胡蘿蔔素、鐵、鈣、鎂等礦物質。

■ 提神、恢復體力型飲料

這類型飲料主要是強調在飲用後能在短時間內達到提神醒腦、恢復體力的效果。常見的添加物有人參、靈芝、DHA必需脂肪酸等。

■ 運動飲料

　　運動飲料除了強調能在活動過後達到解渴的效果外，並以能迅速補充因流汗所流失的水分及平衡體內的電解質爲素求，使它在運動休閒日受重視的今天，已成爲一般大眾在活動筋骨之後，首先會想到的解渴飲料。

㈤茶類飲料

　　中國人自古即養成的喝茶習慣，使得茶類飲料的推出能迅速在各類飲料中竄紅。由於傳統的「喝茶」是以熱飲爲主，在炎熱的夏季裡並不十分適合飲用，而茶類飲料則是另類地提供了可在夏天飲用的冰涼茶飲，這也就成爲它受歡迎的主要原因，再加上喝茶不分四季，因此使得茶類飲料能快速地成長。目前市場中的茶類飲料又有中西式之分：

　　1.中式的茶類飲料：主要以烏龍茶、綠茶及麥茶爲代表。
　　2.西式的茶類飲料：主要是以檸檬茶、花茶、果茶、紅茶及奶茶等爲代表。

㈥咖啡飲料

　　咖啡飲料的主要原料是咖啡豆及咖啡粉，因此在原料的取得上必須完全仰賴進口。咖啡飲料除了注重口味的道地外，對於品牌風格的建立及包裝的設計均較其他飲料來得重視，而這都是受到了咖啡飲料的消費者對品牌忠誠度較高的影響所致。目前市場中的咖啡飲料可分爲：

　　1.口味較甜的傳統式調合咖啡。

2.風味較濃醇的單品咖啡飲料，例如藍山、曼特寧等。

㈦包裝飲用水

台灣由於工業發達，造成環境污染進而影響到飲用水的品質，消費者爲了健康且希望能喝得安心，因此對於無污染的礦泉水、冰川水及蒸餾水等產生了消費的需求，使得包裝飲用水的市場成長快速，也被業者視爲是一個極具潛力的市場。

二、自製飲品

自製飲品的最大利器除了「新鮮」外，最能吸引消費者的就是可以適度的要求在現場調製時做變化，同時消費者也可以全程觀賞調製的過程。因此，在炎炎夏日裡，自製飲品也成爲消費者另一種消暑的選擇。目前自製飲品大致可分爲冰咖啡、冰茶系列、純鮮果汁、混合果汁及特製果汁等五大類。

㈠冰咖啡

一般冰咖啡所使用的原料可分爲咖啡豆及即溶咖啡粉二種。而由於原料的不同，所使用的器具也有所差別。

■ 咖啡豆爲原料

以咖啡豆爲原料的冰咖啡，首先必須以虹吸式、過濾式或蒸氣加壓式的方法煮泡出熱咖啡，並在熱咖啡中加入適量的糖及奶精拌勻，最後予以冷卻。一般冰咖啡所使用的冷卻方法有四種：

1.自然冷卻法：就是將煮好的熱咖啡放著，不藉任何外力的幫助，任由它自然冷卻。這種方法的主要缺點是冷卻所需

的時間較長，而且咖啡放久了味道會變差。

2.外部急速冷卻法：就是在裝咖啡的容器外再用另一個較大的容器裝盛起來，並在較大的容器內放入冰塊及水，藉著冰塊來降低咖啡的溫度。這種方法所製成的冰咖啡品質最好，但是因為使用冰塊，所以會增加成本的支出。

3.外部自然冷卻法：就是在較大的容器內只注入冷水，藉著冷水來降低咖啡的溫度。這種方法的主要優點是可節省使用冰塊的成本。

4.內部急速冷卻法：就是把冰塊直接放入熱咖啡中以達到降低溫度的效果，由於加入的冰塊會稀釋咖啡，所以在煮泡咖啡時必須煮得較濃厚些。

　　除此之外，另有一種「水滴式」的咖啡用具，也可以用來製造冰咖啡。它最主要是以點滴的方式，讓冰水或冷水滴入由咖啡豆磨成的咖啡粉中，所滴入的水必須與咖啡粉做長時間的接觸，當咖啡粉中的含水量達到飽和的程度時，才會滴下咖啡液。由於這種方法主要是藉著水與咖啡粉的長時間接觸來獲得咖啡，因此可說是以「浸泡」的方式來獲得咖啡液。因為是以冰水或冷水來浸泡咖啡粉，完全沒有加熱的步驟，因此必須使用較深培且略有焦度的冷咖啡豆來浸泡，而且咖啡豆也要磨得較細些。

　　以營業專用的大型水滴式咖啡器具為例，如圖8-10所示。它所使用的咖啡粉與水的比例約為150g的咖啡粉以2,100cc的水來浸泡較佳。而水滴的速度約是六十秒鐘滴一滴。因為需要花費很長的時間才能獲得咖啡液，因此，通常是以二十四小時不停運作為主。

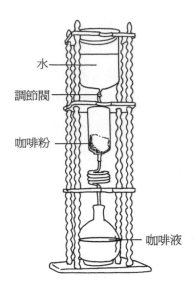

水

調節閥

咖啡粉

咖啡液

圖8-10　水滴式咖啡器具

■ 即溶咖啡粉為原料

　　即溶咖啡粉就是市面上所販售的三合一咖啡。將即溶咖啡粉作為主要原料的冰咖啡，通常是在製作花式冰咖啡時使用。而所使用的器具有果汁機及調酒器二種。

1. 果汁機：主要是在果汁機中加入咖啡粉、水、冰塊及其他材料，除了藉由果汁機的力量讓上述材料充分混合外。它的另一項功能則是可以藉著果汁機的力量將冰塊打碎，製成雪泥狀的冰咖啡。如果希望冰咖啡的雪泥濃稠些，直接加入較多的冰塊即可。

2. 調酒器：主要是在調酒器中加入咖啡粉、水、冰塊及其他材料，經由充分的搖盪讓這些材料能充分混合，它也是藉著冰塊使咖啡降溫，製成所需的冰咖啡。

㈡冰茶系列

冰茶的製作，不論是純茶飲或是經過特別調製的茶飲，都必須先以熱水沖泡茶葉或茶包後，再利用冷卻法將茶液冷卻。純冰茶則是在杯中放入冰塊加入茶液後端出給顧客飲用。而特製冰茶則需藉由調酒器將茶液、冰塊與其他材混合搖盪後，再服務顧客飲用。以目前頗受歡迎的奶茶為例，它主要是將茶液、鮮奶及冰塊倒入調酒器中，經過充分搖盪後調製而成。

㈢純鮮果汁

台灣四季如春，水果的產量及種類都很豐富，因此以新鮮水果為材料的果汁，再加入適量的糖水或蜂蜜後，即可成為清涼可口又富含維他命C的營養飲料。目前市場中較受歡迎的純鮮果汁有葡萄柚汁、檸檬汁、柳橙汁、西瓜汁、胡蘿蔔汁等。以下則簡述個別的調製方法。

■ 葡萄柚汁

先將葡萄柚榨汁，再加入適量的糖水或蜂蜜及少許的鹽攪拌均勻，讓葡萄柚汁可展現適當的甜度，加入冰塊後即可飲用。

■ 檸檬汁

先將檸檬榨汁，與水以1：1的比例稀釋後，再加入適量的糖水或蜂蜜，充分攪拌加入冰塊即可飲用。

■ 柳橙汁

由於柳橙的甜度較葡萄柚及檸檬高，因此可以不必加入糖水或蜂蜜，直接榨汁後即可飲用。

■ 西瓜汁

西瓜的水分含量極高，但在製作清涼果汁時，由於必須加入

碎冰屑，所以甜度會被稀釋，因此可以在製作時加入適量的砂糖，以維持它的甜度。

■ 胡蘿蔔汁

胡蘿蔔是營養價值極高的果菜類，由於它具有養顏美容及降低血壓的功能，因此頗受健康飲食者的喜愛，但由於胡蘿蔔本身具有一種特殊的果腥味，因此在原汁中通常會加入少許的檸檬汁加以調味，而適量的糖水或蜂蜜也是必需品。

㈣混合果汁

主要是將兩種以上不同的飲料加以混合調製而成的飲料。例如近來頗受歡迎，以鮮奶與各類水果調製而成的飲料，或是兩種以上不同果汁混合而成的飲料，都屬於混合果汁。混合果汁製作時的比例較隨興，可以依據自己喜愛的口味任意搭配。

■ 木瓜牛奶

先將木瓜乾淨，去皮去子後，直接投入果汁機中，再加入適量的牛奶、砂糖及碎冰屑，混合攪拌即可。

■ 綜合果汁

主要是以當季的各類水果各取適當的分量，再加上蜂蜜或糖水及碎冰屑，直接放入果汁機內攪拌而成。最常使用的水果有西瓜、鳳梨、蘋果、水梨、香蕉、葡萄、芭樂等。

㈤特製果汁

特製果汁所使用的材料，並不完全是以新鮮的果汁來調製，而且除了主角果汁外，其他的配料種類也較繁多，同時製作時各種材料的混合比例必須固定一致，才能調製出理想的特製果汁。而特製果汁一般使用的原料果汁類型大致可分成三種：

■ 原汁類

　　以新鮮的水果直接壓榨而成，通常是以比較不受季節影響的水果爲主，例如檸檬汁、柳橙汁等。

■ 濃縮汁類

　　需要加水稀釋後才可使用，通常是因爲原料較不易取得，或爲了使用上的方便，才以濃縮的方式事先製備儲存起來，例如百香果濃縮汁、薄荷濃縮液等。

■ 稀釋果汁類

　　主要是指可以直接飲用不需要經過稀釋的果汁類。例如市售包裝的柳橙汁、蘋果汁等。

　　由於特製果汁的變化繁多，又可自由創作，因此僅以較爲一般大眾所知悉的蛋蜜汁與芬蘭汁爲例加以說明。

■ 蛋蜜汁

　　調製器具：調酒器一個、量杯。

　　材　　料：鮮奶200cc、柳橙汁2盎斯、檸檬汁1盎斯、蛋黃1個、蜂蜜適量、冰塊適量。

　　調製方法：先將冰塊放入調酒器內，再將其他材料一一放入，蓋好蓋子，用力搖盪混合均勻後即可倒入杯中飲用。

■ 芬蘭汁

　　調製器具：調酒器一個、量杯。

　　材　　料：柳橙汁3盎斯、檸檬汁1盎斯、水蜜桃汁1盎斯、石榴汁⅔盎斯、蛋黃1個、蜂蜜適量、冰塊適量。

　　調製方法：先將冰塊放入調酒器內，再將其他材料一一放入，蓋好蓋子，用力搖盪混合均勻後即可倒入杯中飲用。

第四節　認識洋酒與國產酒

　　不論是飯前的開胃酒或是飯後的小酌，古今中外的人們對「酒」有著一分莫名的喜愛，因此，產生了各種不同的酒類，不但可以讓人們細細品味不同酒類的口感與香醇，還可以讓人們藉著飲酒來紓解壓力並緩和緊繃的情緒，放鬆心情。同時酒也是社交活動中不可或缺的重要飲品之一。本節將以酒的分類方法及國產酒與洋酒為主要內容，希望讓讀者能對酒類有基本的認識。

一、酒的分類

　　國內外各種酒類的品牌繁多，然而，我們可以依據製酒的原料、酒精的濃度以及製酒的方法等三方面來將各種酒類加以區分。

㈠依製酒方法分類

　　根據酒的製造方法可將酒分為釀造酒、蒸餾酒及再製酒等三大類。

■釀造酒

　　主要是利用含有糖分的水果或含有澱粉質的穀類為原料，經由糖化及發酵的步驟製造而成的酒，因此又被稱為發酵酒。這類酒的酒精濃度通常較低，黃酒、啤酒、葡萄酒等都屬於釀造酒。圖8-11為釀造酒的製造過程。

圖 8-11　釀造酒的製造過程

圖 8-12　蒸餾酒的製造過程

■ 蒸餾酒

　　蒸餾酒也是以含有糖分的水果或含有澱粉質的穀類為製造原料，而與釀造酒不同的是，蒸餾酒在經過糖化及發酵的步驟後，還需要再經過蒸餾的步驟才算是製造完成。蒸餾法主要是利用酒精的沸點（78.4℃）比水的沸點（100℃）低的原理為基礎，將發酵酒加熱，讓發酵酒中的水分及其他物質與酒精分離，所得到的酒精就是蒸餾酒。因此，絕大部分蒸餾酒的酒精濃度都偏高而且為無色透明的液體。白酒、威士忌、白蘭地、伏特加都是蒸餾酒。圖8-12為蒸餾酒的製造過程。

■ 再製酒

　　主要是利用酒精濃度較高的釀造酒或蒸餾酒為原料，再加入其他如水果、辛香料或藥材等物質，經過浸泡而成的酒，就稱為再製酒。例如琴酒、甜酒、烏梅酒、竹葉青、龍鳳酒等都是再製酒。一般來說，再製酒的酒精濃度在中低之間。

㈡依製酒原料分類

這種方法主要是以製酒時所使用的主要原料爲依據來分類，它可以將酒大致分爲黃酒、白酒、果酒及啤酒等四大類。

■ 黃酒

黃酒的主要原料是糯米及黍米。黃酒主要是在製造過程中讓原料經由糖化及發酵的步驟後所釀製而成。由於酒的顏色大多數都是亮黃色或黃中略帶紅色，所以被稱爲黃酒。黃酒中較爲大衆所熟知的酒類爲紹興酒。

■ 白酒

白酒的主要原料是高粱、小麥、豆類或粟米。製造過程中與黃酒最大的不同點，是在糖化及發酵後，還必須經過蒸餾的步驟才算完成。由於經過蒸餾所以酒精濃度較高而且酒爲無色透明，所以被稱爲白酒。中國人常說的「白乾」指的就是白酒，其中又以貴州的茅台酒最具知名度。

■ 果酒

果酒主要是以各種含糖成分高的新鮮水果爲主要原料，它的製造過程與黃酒相同，不經蒸餾的程序。其中以新鮮葡萄爲原料所釀製而成的葡萄酒最爲一般大衆所熟知。其他還有蘋果酒、梅酒、山楂酒、梨酒等。

■ 啤酒

啤酒的主要原料是麥芽，其中的麥芽則是指大麥或小麥所發的新芽。啤酒的主要製造過程是將麥芽磨碎後先讓它糖化，再加入啤酒花（指的是蛇麻草的雌花），最後再經由酵母發酵所製成。啤酒的酒精濃度不高，約在2%至5%之間。而啤酒在飲用時一定要冰過再喝，才能展現它特有的風味。

㈢依酒精濃度分類

以酒中酒精所占的百分比可將酒分爲高濃度、中濃度及低濃度等三類。

■ 高濃度

酒精含量在40％以上的酒，就屬於高濃度的酒。例如白蘭地、威士忌、高粱酒等。

■ 中濃度

酒精含量在20％至40％之間的酒，就屬於中濃度的酒。例如再製酒。

■ 低濃度

酒精含量在20％以下的酒，就屬於低濃度的酒。例如葡萄酒、啤酒、梅酒等。

二、國產酒

在這部分我們所介紹的國產酒是以台灣所製造生產的酒類爲主。而我們將依據酒的製造方法來介紹國產酒。

㈠釀造酒

■ 紹興酒

紹興酒原來是生產於浙江省紹興縣，主要原料有糯米、米麴與麥麴。製造過程是讓原料先糖化後再以低溫發酵而成，酒精濃度約在16％至17％之間。一般我們所說的「陳紹」，其實就是指儲藏五年以上的陳年紹興酒。

■ 花雕酒

花雕酒是紹興酒的一種，由於製造的原料是精選的糯米、麥麴及液體麴，而且釀造時對品質進行嚴格的控制，再加上釀製完成後，還需先裝入陶甕中經長期貯存熟成後，再裝瓶出售。因此花雕酒具有溫醇香郁、酒色澄黃清澈的特性。爲紹興酒類中的高級品。酒精濃度約爲17％。

■ 白葡萄酒

白葡萄酒主要是以省產釀酒專用的金香葡萄純原汁爲原料釀製而成，酒精濃度約爲13％。由於白葡萄酒含有豐富的維生素、礦物質及葡萄糖等營養成分，而且酒質溫醇、香氣清新，冰涼後飲用風味絕佳，因此廣受一般大眾的喜愛。

■ 紅葡萄酒

紅葡萄酒主要是以黑后葡萄爲釀製原料，在釀造時則是連皮一起糖化發酵，並將發酵完成的酒放入橡木桶中約一年的時間，等熟成後再裝瓶出售。酒精濃度約爲10％。

■ 台灣啤酒

台灣啤酒主要是以大麥芽和啤酒花爲原料，經過糖化、低溫發酵殺菌後完成，酒精濃度約爲3.5％。如果沒有經過殺菌處理的則稱爲生啤酒。生啤酒應儲存在3℃的環境下，如果長時間處於超過7℃的環境中，會讓生啤酒二次發酵，使得生啤酒變質。

由於啤酒中含有豐富的蛋白質及維生素，並具有淡雅的麥香，冰涼後飲用具有生津解渴的功能，因此被視爲酷夏中的消暑聖品，深受社會人士的喜愛。

㈡蒸餾酒

■ 高粱酒

　　高粱酒原是我國北方特產的蒸餾酒，主要原料為高粱與小麥，並以高粱為命名的依據。製造方法是採用獨特的固態發酵與蒸餾製造，而蒸餾後所得到的酒還必須裝入甕中熟成，以改進酒的品質，酒精濃度約為60％。目前聞名中外的金門高粱，是金門酒廠所生產的高粱酒，由於金門的氣候、土壤與水質很適合高粱的生長，因此所生產的高粱酒品質優異，深受國內外人士的喜愛。

■ 大麴酒

　　大麴酒也是我國特有的蒸餾酒之一，主要原料是高粱與小麥。也是採用固態發酵與蒸餾法製造，蒸餾後所得到的酒也要裝甕熟成，酒精濃度約為50％。由於酒質穩定且愈陳愈香愈醇，為烈酒中的上品。

■ 白蘭地

　　白蘭地的主要原料為金香及奈加拉白葡萄。製酒過程包括低溫發酵及二次蒸餾，最後再裝入橡木桶中熟成，酒精濃度約為41％。目前省產白蘭地中，除了有熟成時間長短之分外，另外還有台灣特產的凍頂白蘭地，它最大的特色是在製成的酒中加入凍頂烏龍茶浸泡，屬於再製酒的一種，酒精濃度為25％。

■ 蘭姆酒

　　蘭姆酒的主要原料為甘蔗。製造時是讓甘蔗糖化發酵，經過蒸餾後再裝入橡木桶中熟成。酒精濃度約為42％。

■ 米酒

　　米酒是以蓬萊糙米為主要原料，並添加精製酒精調製而成，為台灣最大眾化的蒸餾酒，也是中餐烹飪中不可或缺的料理酒，

酒精濃度約為22%。

■ 米酒頭

　　米酒頭也是以蓬萊糙米為主要原料，但不添加精製酒精，並利用兩次蒸餾來提高酒精濃度，是中國傳統的蒸餾酒，酒精濃度約為35%。

(三)再製酒

■ 竹葉青

　　竹葉青主要是以高粱酒浸泡天然的竹葉及多種天然辛香料所製成，酒色呈天然淡綠色，酒精濃度約為45%。

■ 參茸酒

　　參茸酒則是以精選的鹿茸、黨參及多種天然辛香料，經由高粱酒的浸泡而成。目前為台灣最受歡迎的再製酒，酒精濃度約為30%。

■ 玫瑰露酒

　　玫瑰露酒是以高粱酒與玫瑰香精及甘油調製而成的一種再製酒，由於具有淡淡的玫瑰芳香，因此成為我國名酒之一，酒精濃度約為45%。

■ 龍鳳酒

　　龍鳳酒是以米酒浸泡黨參及多種天然香料所製成的再製酒。不但含有豐富的維他命、礦物質、胺基酸及醣類，而且還具有補血益氣的功效。酒精濃度約為35%。

■ 烏梅酒

　　烏梅酒是以新鮮的青梅、血筋李、茶葉、精製酒精及糖為原料混合調製而成。製造過程主要是先將梅、李、茶葉浸泡在酒精中，萃取特殊的風味及色澤，酒精濃度約為16.5%。適宜冰涼後飲

用，也可以用來調製雞尾酒。

三、洋酒

洋酒的種類繁多，世界各地都有生產製造的國家，較具知名
度的生產國有法國、德國、義大利、奧地利、西班牙、葡萄牙、
希臘、瑞士、匈牙利、智利、澳洲、美國等國家，其中又以歐洲
國家居多。以下我們將以酒的製造方法為分類依據，介紹洋酒的
種類。

㈠釀造酒

■啤酒

啤酒的好壞與發酵時所使用的酵母菌有很大的關係，而酵母
菌的種類又相當的多。目前世界聞名的啤酒生產國——德國，它
所擁有的啤酒酵母菌配方最多，尤其是德國慕尼黑啤酒，更是啤
酒中的上品。緊追在德國之後的則是位居亞洲的日本，日本以它
一貫積極專注的精神，努力發掘與研發，因此使得它所生產的啤
酒在世界中也具有良好的口碑。目前台灣市場上最為一般大眾所
熟知的啤酒品牌有海尼根啤酒、美樂啤酒、可樂那啤酒、麒麟啤
酒（Kirin）、三寶樂啤酒（Sapporo）及朝日啤酒（Asahi）等。

■葡萄酒

葡萄酒主要是以新鮮的葡萄為原料所釀製而成的酒，但是在
洋酒中，葡萄酒又可依據製造過程的不同，分成一般葡萄酒、氣
泡葡萄酒、強化酒精葡萄酒及混合葡萄酒等四種。

·一般葡萄酒

一般葡萄酒就是指不會起泡的葡萄酒。它的製造過程就是將

葡萄先榨出葡萄原汁後，加入酵母菌來發酵，讓葡萄汁中的糖分分解成二氧化碳及酒精，然後讓二氧化碳的氣泡跑掉，留下酒精成分，就成為一般葡萄酒。酒精濃度約為9%至17%。這種葡萄酒又可依據製造時所使用的葡萄及釀成後酒的色澤而分成紅酒、白酒及玫瑰紅酒等三種。

1. 紅酒：主要是將紅葡萄榨汁，釀造時連同果皮及枝葉一起放入發酵，讓果皮中的色素滲入酒內，使釀造而成的葡萄酒呈現出紫紅色、深紅色等色澤。果皮及枝葉中所含有的單寧酸，則會使得酒味略帶澀味及辣味，而且熟成所需要的時間也因此比白酒長，約為五至六年。紅酒可以長時間存放。

2. 白酒：一般多是以白葡萄榨汁釀造，但也可以將紅葡萄去皮榨汁後來釀造。由於發酵時純粹是以葡萄汁來發酵，不加入果皮及枝葉，因此酒中所含的單寧酸較少，而酒的顏色則為無色透明或是青色、淡黃色、金黃色等色澤。熟成時間約為二至五年。白酒不宜久存，應趁早飲用。

3. 玫瑰紅酒：玫瑰紅酒的製造方式有下列三種：
   - 將紅葡萄連同果皮一起發酵，當酒呈現出淡淡的紅色時，就將果皮去除，再繼續發酵。
   - 將釀造好的紅酒與白酒按照一定的比例混合發酵。
   - 將紅葡萄連皮與白葡萄一起發酵。

· 氣泡葡萄酒

氣泡葡萄酒中以法國香檳區所生產的「香檳酒」最具知名度，而且也只有該區所生產的氣泡葡萄酒可以稱為香檳酒，其他地區所生產的就只能稱為氣泡葡萄酒。

氣泡葡萄酒所使用的原料與一般葡萄酒相同，唯一不同的地方是氣泡葡萄酒需經過二次發酵的程序。經過第一次發酵後，再加入糖與酵母，然後就裝瓶、封口，貯存在低溫的地窖中至少二年，讓酒在低溫中產生第二次發酵，而第二次發酵所產生的二氧化碳就是氣泡葡萄酒氣泡的來源。酒精濃度約為9％至14％。

‧酒精強化葡萄酒

就是在葡萄酒的發酵過程中，在適當的時間加入白蘭地，讓發酵中止，如此不但可以保存葡萄中的糖分，增加甜味，更可以提高酒精濃度達14％至24％。最有名的酒精強化葡萄酒是西班牙的「雪莉」酒與葡萄牙的「波特」酒。

‧混合葡萄酒

就是在葡萄酒中添加香料、藥草、植物根、色素等浸泡調製而成。例如義大利的苦艾酒，就是將藥草與基納樹皮浸在酒中所製成。

㈡蒸餾酒

蒸餾酒由於酒精濃度高，因此一般人也將它稱為烈酒。洋酒中的蒸餾酒有威士忌（whisky）、白蘭地（brandy）、伏特加（vodka）、龍舌蘭（tequila）及蘭姆酒（rum）等五種。

■ 威士忌

威士忌主要是將玉米、大麥、小麥及裸麥搗碎，經過發酵及蒸餾後，再放入橡木桶中醃藏而成。而威士忌品質的好壞則與醃藏時間有很大的關係，醃藏的時間愈久，威士忌的口感與香醇愈濃厚。一般來說威士忌的酒精濃度約在40％至45％之間。

生產威士忌的國家很多，但以蘇格蘭、愛爾蘭、加拿大及美國波本等四個地區最具知名度。

■ 白蘭地

　　白蘭地主要是以水果的汁液或果肉發酵蒸餾而成，而且至少要在橡木桶中貯存二年才能算熟成。使用的水果原料有葡萄、櫻桃、蘋果、梨子等。其中，如果是以葡萄為原料所製成的白蘭地，可以直接以「白蘭地」（brandy）為名稱，如果是以其他的水果為原料，則會在白蘭地前加上水果的名稱，以作為區別，例如櫻桃白蘭地（cherry brandy）。

　　在眾多的白蘭地中，以法國干邑區所生產的白蘭地最有名。它主要是以銅鍋進行二次蒸餾，第一次蒸餾所得到的酒液，酒精濃度只23%，必須再以這些酒液做第二次蒸餾，才能得到酒精濃度高達70%的白蘭地，最後則是放入橡木桶中，讓酒和橡木桶產生交換作用，吸取橡木桶中的單寧酸，並慢慢讓酒熟成，而酒的色澤也會從透明無色變成金褐色。此外，法國政府也對干邑白蘭地的熟成時間有所規定，主要是規定白蘭地至少需要在橡木桶中醞藏三年的時間才算熟成，而依白蘭地在橡木桶中醞藏的時間，又可將白蘭地分成幾個等級，如**表8-7**。目前市場較具知名度的品牌有人頭馬、馬爹利、軒尼詩等。

表 8-7　白蘭地等級一覽表

名　　稱	醞藏時間	說　　明
V.S.	3～4 年	Very Superior
V.S.O.P.	4～5 年	Very Superior Old Pale
Napoleon	6～7 年	拿破崙
X.O.	8～12 年	Extra Old
Extra	15 年以上	

■ **伏特加**

　　伏特加是一種沒有任何芳香及味道的高濃度蒸餾酒，因此它很適合與其他的酒類、果汁或飲料做搭配調和。伏特加的主要原料是馬鈴薯與其他多種的穀類，經過搗碎、發酵、蒸餾而成。它與威士忌不同的地方在於威士忌為了保存穀物的風味，因此蒸餾出的酒液酒精濃度較低，而伏特加除了酒精濃度較高外，為了去除穀物原有的風味，必須再做進一步的加工處理。

■ **龍舌蘭**

　　龍舌蘭主要是以龍舌蘭植物為原料。龍舌蘭的主要產地在墨西哥，而龍舌蘭用來釀酒的部位是類似鳳梨的果實。主要的製造過程是先將果實蒸煮壓榨出汁液後，再放入桶內發酵，當汁液的酒精濃度達到40％時，就開始進行蒸餾的步驟。龍舌蘭酒需要經過三次的蒸餾，酒精濃度才會達到45％。除此之外，墨西哥政府規定，龍舌蘭酒必須含有50％以上的藍色龍舌蘭蒸餾酒才可被稱為塔吉拉（tequila）。而一般的龍舌蘭酒可分為：

1. 白龍舌蘭（white tequila）：這種龍舌蘭酒是不用橡木桶貯存熟成，因此酒液為無色透明。
2. 金黃龍舌蘭（gold tequila）：這種龍舌蘭酒則是至少需要在橡木桶中貯存一年以上，因此酒液為淡金黃色。

■ **蘭姆酒**

　　蘭姆酒主要是以甘蔗為釀造原料，經過發酵蒸餾，再儲存於橡木桶中熟成。而依據它儲存時間所造成酒液色澤的差異，可區分為白色蘭姆及深色蘭姆二種。

1. 白色蘭姆（white rum）：僅在橡木桶中儲存一年的時間，

因此酒色較淡。以古巴、波多黎各、牙買加所生產的白色蘭姆最有名。

2. 深色蘭姆 (dark rum)：除了在橡木桶中儲存的時間較長外，還添加了焦糖，因此不但色澤呈現較深的金黃色，同時味道也比較濃厚。以牙買加所生產的深色、辛辣蘭姆最有名。

(三)再製酒

■ 琴酒

琴酒 (gin) 主要是以杜松莓、白芷根、檸檬皮、甘草精、胡妥及杏仁等香料與穀類的蒸餾酒一起再蒸餾而成。因為杜松莓是其中不可或缺的重要材料，因此琴酒又稱為杜松子酒。由於琴酒具有獨特的芳香，因此成為調製雞尾酒中最常被使用的基酒。目前市場中琴酒的品牌及種類眾多，各個生產廠所使用的配方也有差異，一般我們可以將琴酒分為下列三類：

1. 倫敦琴酒 (London dry gin)：倫敦琴酒主要是以麥芽及五穀為原料，因為不具甜味，所以又被稱為倫敦乾澀琴酒。dry gin就是不甜的意思。

2. 荷蘭琴酒 (Dutch gin)：荷蘭琴酒主要是以大麥及裸麥為原料，經過蒸餾及若干次的精餾而成。酒味辛辣並帶有微甜。

3. 野莓杜松子琴酒 (sloe gin)：主要是指在琴酒中再加入野莓一起製造，雖是琴酒但屬於甜酒類。

■ 甜酒

　　甜酒（liqueur）主要是指酒精濃度高並具有甜味的烈酒而言，又可稱為利口酒。它主要是以白蘭地、威士忌、蘭姆、琴酒或其他蒸餾酒為基礎，再混合水果、植物、花卉、藥材或其他天然香料，並添加糖分，經過過濾、浸泡及蒸餾而成。由於甜酒所具有的特殊香甜風味，使得它成為廣受大眾喜愛的餐後飲用酒。

第五節　雞尾酒的調製與服務

　　雞尾酒（cocktail）是指二種或二種以上的酒，搭配果汁或其他飲料所混合調製而成的一種含有酒精成分的飲料。由於它可以依據個人的喜好與口味，做多樣化的調製，而且製作方法簡單，再加上酒精濃度高的基酒在經過調製後，會被稀釋沖淡，因此雞尾酒就成為一種較中性的飲料，不但廣受一般大眾的喜愛，更成為宴會中常見的飲品。本節則將介紹調製雞尾酒的器具、調製的原則與方法及服務方式。

一、調酒器具

　　雞尾酒的調製除了需有專業的技術、知識與豐富的經驗外，熟悉各種器具的正確使用方法則是最基礎也是最重要的工作。一般吧檯上所準備的調酒器具有下列九種，如圖8-13。

■ 調酒器

　　一般人又把它稱做「雪克杯」，整個杯組包括了杯身、過濾器及杯蓋等三部分。使用時則先將調製的材料放入杯身中，依序蓋

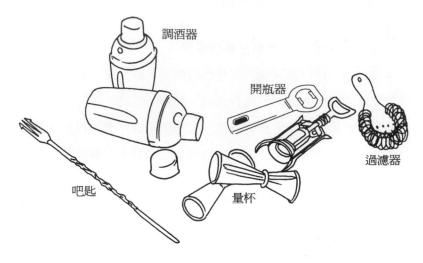

圖8-13　調酒器具

上過濾器及杯蓋，用雙手或單手做大幅度的上下振動搖晃，讓杯身中的材料能充分混合，之後，再打開蓋子，將混合完成的雞尾酒經由過濾器倒入飲用杯中。

■ 量杯

　　量杯因為以盎司作為計算的單位，所以又被稱為「盎司杯」。盎司杯可分為大小兩端，通常小的一端可裝盛1盎司（約30cc），而大的一端則可裝盛1.5盎司(約45cc)。量杯可以幫助吧檯師傅精準的控制酒及配料的使用量，使每一種雞尾酒能夠維持一定的品質與口味。

■ 吧匙

　　是一種長柄造型的調酒匙，吧匙的一端是叉子，可以用來叉取櫻桃或橄欖；另一端則是湯匙，可以用來攪拌雞尾酒。柄的中間則是螺旋狀造型。

■ 調酒杯

　　主要是在調製攪拌式雞尾酒時使用，一般為玻璃製品，杯身有刻度而且杯口附有注嘴，以方便傾倒調製好的雞尾酒。

■ 過濾器

　　使用調酒杯調酒時所使用的器具，主要是用來過濾調酒杯中的冰塊及殘渣，避免倒入飲用杯中。

■ 攪拌棒

　　用來攪拌杯中的雞尾酒、攪均杯中的砂糖或搗碎水果時所使用的器具。有各種材質及造型，較常見的質料有木製、塑膠製或玻璃製等三種。

■ 開瓶器

　　有拔軟木塞專用、開罐頭專用及開瓶蓋專用等三種不同的開瓶器。

■ 雞尾酒飾針

　　主要是在裝飾雞尾酒杯時使用，可用來插櫻桃、橄欖、檸檬片、鳳梨片等作為杯口的裝飾。一般多為塑膠製，也可以用牙籤代替。

■ 杯子

　　吧檯應有各式各樣的玻璃杯，可用來裝盛不同的雞尾酒或顧客點用的烈酒或淡酒。

■ 其他

　　其他的器具還有果汁機、碎冰機、製冰機、冰桶及冰塊夾等。

二、調製的原則與方法

㈠調製原則

雞尾酒通常是由下列三種原料調製混合而成：

1. 基酒：通常是酒精濃度高的烈酒，主要有威士忌、白蘭地、伏特加、龍舌蘭、蘭姆酒及琴酒等六種。
2. 甜性配料：如糖漿、細砂糖或甜酒。
3. 酸性配料：如各式果汁、苦精或其他的配料。

雞尾酒的調製方法雖然是將基酒與配料混合，但調製時的基本原則一定要切記，那就是基酒是主角而配料只是增加風味的配角，不可以發生喧賓奪主的情形，讓配料的味道蓋過了基酒的味道，因此調製時的比例控制是很重要的。

㈡調製方法

雞尾酒的調製方法大致可分為下列四種。

■ **直接調製法**

就是不使用調酒器或調酒杯，而直接將材料依序倒入酒杯中的調製方法。材料分量的控制可以利用量杯、酒瓶上所裝的倒酒嘴或是依靠酒吧人員純熟的技術與豐富的經驗，以正確地掌握酒流出的時間等方法來控制分量。材料加入的先後序為：冰塊、苦酒、果汁、蛋、比重較輕的酒、比重較重的酒。

■ **攪拌法**

攪拌法所使用到的器具有調酒杯、過濾器、吧匙等。而它主

要的調製步驟爲：

1. 先在調酒杯中放入三至五個冰塊。
2. 倒入基酒。
3. 加入相關配料。
4. 用吧匙以畫圓的方式攪拌五至六回。
5. 將過濾器放在調酒杯口，用食指按壓住，慢慢讓酒流出，
   倒入酒杯中。

■ 搖動法

搖動法主要是利用調酒器大幅度來回搖動所產生的力量，讓較濃稠的配料，如蛋、牛奶、糖漿、濃縮果汁等，能趁此充分與基酒混合的一種調製方法。主要的調製步驟爲：

1. 先在調酒器的杯身中放入三至五個冰塊。
2. 倒入基酒。
3. 加入相關配料。
4. 將調酒器的過濾器與杯蓋部分依序組合完成。
5. 用雙手或單手做上下左右的搖動，六至八回。
6. 將蓋子打開，讓酒經由過濾器倒入酒杯中。

■ 漂浮法

漂浮法主要是利用各種酒類不同的比重，讓酒沿著調酒棒緩緩地流入酒杯中，使雞尾酒在酒杯中產生層次分明的視覺效果，例如三色酒、七色酒就是利用這種方法調製而成的。

而酒的比重的判斷，則是以酒的酒精濃度愈高比重愈輕爲原則。

㈢裝飾

調製完成的雞尾酒，不是倒入酒杯中就算完成，酒杯的選用與杯口的裝飾對雞尾酒來說，也是很重要的。它就好比人們對衣服的選擇一樣，精心的選擇與搭配，可以讓雞尾酒更有質感，並可以提升它的附加價值。讓顧客不僅在味覺及嗅覺上獲得滿足，更可以獲得視覺上的享受。較常見的裝飾材料有櫻桃、橄欖、檸檬、鳳梨、柳丁等水果及薄荷葉等。製作時必須注意，裝飾材料的顏色及形狀要能與雞尾酒和諧地搭配，不能過於突兀。因此，調酒對吧檯人員而言，是一種藝術的呈現。

三、服務方式

雞尾酒是一種不受場合及時間限制，任何時候都可以飲用的酒精性飲料，酒吧及大多數的餐廳都會提供雞尾酒單，供顧客點用。而雞尾酒的服務主要包括了二大部分：接受點酒及端酒上桌。

㈠接受點酒

不論顧客是在吧檯直接點選或是在餐桌由服務人員服務點用，由於雞尾酒的種類繁多，因此，接受點酒的服務人員必須要將顧客所點選的酒名牢記，並且複誦一次，以確認無誤。

除此之外，接受點酒的服務人員最好對酒吧或餐廳所提供的雞尾酒種類能有較完整的認識，如此才能順利地向顧客推銷雞尾酒，或是當顧客對某種雞尾酒的口味或成分有疑問時，可以適時地給予解答。

㈡端酒上桌

　　當吧檯調酒師將顧客所點選的雞尾酒全部調製完成後，服務人員必須將酒端送給顧客，而服務的流程為：

1. 在吧檯時，將調酒師調製完成的雞尾酒，依一定的順序，以環繞的方式擺在小托盤上。
2. 在托盤中間擺放足夠數量的杯墊。
3. 以左手持托盤送到餐桌旁。
4. 站在顧客的右側。先將杯墊放在顧客的正前方，再以右手將酒杯從杯子的底部端起，放在杯墊上。
5. 收拾空酒杯時，必須攜帶小托盤，從顧客的右側，以右手將杯子及杯墊收拾到小托盤中。

第六節　酒與食物

　　不論古今中外，一提到美酒，就一定會聯想到豐盛的佳餚美食，然而什麼樣的食物應該搭配什麼樣的酒？在中國並不是十分的講究，一切均以隨意高興為主。但對西方人而言，就不是如此了，雖然沒有明文規定但卻有習慣性的搭配原則，這點可以從他們強調「餐前酒」、「佐餐酒」及「餐後酒」看出端倪。本節將針對西方人對酒與食物的搭配原則做一個簡單的說明。

一、飲酒時的基本原則

不論中外，飲酒時的基本原則是相同的。

1. 白酒在紅酒前飲用。
2. 澀酒在甜酒前飲用。
3. 等級愈高的酒應該最後才飲用。
4. 飲用時需依酒的特性，在它適當的溫度下飲用。例如白酒在飲用前應先冷藏至9°C，才能展現它特有的風味。

二、選酒時的基本原則

選酒時的基本原則將以「餐前酒」、「佐餐酒」及「餐後酒」作為介紹時的分類依據。如**表8-8**所示。

㈠餐前酒

餐前酒顧名思義就是用餐前所喝的酒，由於它具有增進食慾的功效，所以有人也將它稱為開胃酒。一般來說，餐前酒多半是選用以「葡萄」為原料釀造而成的酒，而較少選用以「穀類」蒸餾而成的酒。最主要的原因是因為穀類製造而成的蒸餾酒，酒精濃度偏高，會對舌頭產生刺激作用，使舌頭的味覺遲鈍，甚至破壞對食物的味覺，因此才不選用穀類的蒸餾酒。除此之外，選用的葡萄酒也以不具甜味為主，例如澀雪莉酒、澀苦艾酒等。

表 8-8　酒與食物的搭配

飲用時機	食　　物	可搭配酒類	
餐前酒	開胃菜	雞尾酒 澀白葡萄酒 澀雪莉酒 澀苦艾酒	
佐餐酒	牛肉、豬肉、羊肉、鮭魚、披薩、起司、義大利麵、火腿等	紅　酒	勃根地紅酒 波爾多紅酒 玫瑰紅酒
	沙拉、蛋捲、貝類、雞肉、魚肉等	白　酒	勃根地白酒 波特酒 波爾多白酒
	各種食物	氣泡酒	香檳酒 氣泡勃根地
餐後酒	水果、甜點、咖啡等	甜波特酒 甜雪莉酒 匈牙利酒	

㈡佐餐酒

　　佐餐酒的選擇則是酒與食物搭配的重點，也是一般人較不易做選擇的地方。然而佐餐酒卻有幾個選擇時的習慣性原則。

　　1.紅酒搭配紅色肉類，例如豬肉、牛肉、羊肉、火腿、鮭魚等。

　　2.白酒搭配白色肉類，例如雞肉、魚肉、貝類等。

　　3.若不確定時，可以選用玫瑰紅酒。

　　4.基本上，香檳或氣泡酒可以搭配大部分的食物。

㈢餐後酒

　　餐後酒最主要是指與水果、甜點及咖啡搭配的酒,通常是以
具有甜味的酒爲主,例如雪莉酒。

參考書目

中文部分

1. 王志剛，《管理學導論》，台北：華泰文化事業有限公司，民國82年6月。

2. 交通部觀光局，〈觀光統計定義及觀光產業分類標準研究〉，中興大學經濟系，民國85年。

3. 沈茂松，《餐飲管理實務》，台北：桂冠圖書股份有限公司，民國84年8月。

4. 李妙霜，《咖啡》，台北：笛藤出版圖書有限公司，民國87年4月。

5. 花崎一夫，《繽紛雞尾酒・130精選集》，台北：笛藤出版圖書有限公司，民國84年4月。

6. 林乃燊，《中國古代飲食文化》，台北：台灣商務印書館股份有限公司，民國83年4月。

7. 林乃燊，《中國飲食文化》，台北：南天書局有限公司，民國81年7月。

8. 林仕杰，《餐飲服務手冊》，台北：五南出版有限公司，民國85

年4月。

9.林詩詮、鄭伯壎,《組織行為》,台北:中華企業管理發展中心,民國79年3月。

10.高秋英,《餐飲服務》,台北:揚智文化事業股份有限公司,民國83年3月。

11.孫武彥、謝明城,《餐飲管理學》,台北:眾文圖書公司,民國75年9月。

12.莊富雄,《酒吧經營管理實務》,台北:莊富雄,民國85年1月。

13.翁雲霞,《餐飲服務入門》,台北:百通圖書股份有限公司,民國85年5月。

14.陳堯帝,《餐飲管理》,台北:桂魯有限公司,民國84年5月。

15.劉久年、劉仁驊,《飲酒的科學》,台北:渡假出版社有限公司,民國81年5月。

16.劉尉萍,《旅館餐飲》,台北:桂冠圖書股份有限公司,民國81年5月。

17.劉漢介,《中國茶藝》,台北:中連總代理,民國78年。

18.薛明敏,《餐廳服務》,台北:明敏餐旅管理顧問有限公司,民國84年9月。

19.《餐飲衛生管理與廚房設計研究》,台北:中華民國餐飲會。

20.《台灣地區飲料產業五年展望報告》,台北:環球經濟社,民國85年4月。

21.韓傑,《餐飲經營學》,高雄:韓傑,民國84年8月。

22.蘇芳基,《最新餐飲概論》,台北:楊靜惠,民國84年3月。

英文部分

1. Carol A. King, *Professional Dining Room Management*, VNR, New York, 1988.

2. Denney G. Rutherford, *Hotel Management and Operations*, VNR, New York, 1990.

3. Dennis R. Lillicrap & John A. Coousins, *Food & Beverage Service*, D. R. Lillicrap & J. A. Coousins, London, 1994.

4. Donald E. Lundberg, *The Hotel and Restaurant Business*, A CBI Book, VNR, New York, 1987.

5. Edward A. Kazarian, *Foodservice Facilities Planning*, VNR, New Youk, 1989.

6. Timoyht J. Eaton & Kent F. Premo, *Managing Human Resources in the Hospitality Industry*, The Educational institute of the American Hotel & Motel Association, East Lansing, Michigan, 1989.

餐飲概論　　　　　　　　　　　　　　　觀光叢書 16

著　　　者／蕭玉倩

出 版 者／揚智文化事業股份有限公司

發 行 人／葉忠賢

總 編 輯／林新倫

執行編輯／晏華璞

登 記 證／局版北市業字第 1117 號

地　　　址／台北市新生南路三段 88 號 5 樓之 6

電　　　話／(02)2366-0309

傳　　　真／(02)2366-0310

E - m a i l ／book3@ycrc.com.tw

網　　　址／http://www.ycrc.com.tw

郵撥帳號／14534976

印　　　刷／鼎易印刷事業股份有限公司

法律顧問／北辰著作權事務所　蕭雄淋律師

初版一刷／1999 年 5 月

初版二刷／2002 年 10 月

定　　　價／新台幣 350 元

ISBN／957-818-003-9

國家圖書館出版品預行編目資料

餐飲概論 / 蕭玉倩著. -- 初版. -- 台北市：揚智文
化，1999[民 88]
    面；　公分. --　（觀光叢書；16）
參考書目：面
ISBN　957-818-003-9（平裝）

1. 飲食業 – 管理

483.8   88003907